国外转基因知多少

农业部农业转基因生物安全管理办公室

中国农业出版社

编　委　会

前　言

转基因技术是科技进步的必然产物，是人类生物育种技术取得的最新成果，也是现代生物技术的重要组成部分，在提高育种准确性、拓展生物功能、降低生产成本、提高经济竞争能力等方面显示出了巨大能量，正在改变着业已形成的科技、经济、贸易格局，成为世界各国竞争的焦点。

自 1982 年全球第一个转基因生物诞生以来，转基因技术得到飞速发展，被快速广泛应用于医药、食品、农业、能源、环保等领域。自 1996 年世界转基因农作物商业化应用以来，面积已由当初的 170 万公顷扩展至 2014 年的 1.8 亿公顷，增长 106 倍。全球主要农作物种植面积中 82%的大豆、68%的棉花、30%的玉米、25%的油菜都是转基因品种。但转基因安全问题也受到社会广泛关注，争论也从未间断过。在我国，特别是 1999 年发放水稻、玉米安全证书后，争论迅速蔓延，而 1998 年互联网元年的到来更为反转基因人士提供了前所未有的传播手段，一时关于转基因的谣言满天飞，除国内自造的谣言外，还把国外制造并已被澄清的谣言拿来在我国重新炒作，搞得乌烟瘴气，使广大公众无所适从，甚至产生了对转基因的恐惧心理。

各国对转基因采取了风险分析原则进行管理，普遍遵循全球公认的评价指南，建立了全面系统的转基因安全评价方法和程序及相关法规制度，以确保转基因生物安全。为了帮助大家了解国外转基因发展管理情况，消除疑虑，澄清谣言，我们组织编写了这本《国外转基因知多少》，但由于各国对转基因安全管理的模式不同，涉及转基因管理的规定往往分散在不同的法律法规当中，对外发布的信息又有限，因此，对有些国家的情况介绍可能不尽如人意，错误不足之处也在所难免，敬请批评指正。

编 者

目　录

一、>>>

美　国

（一）概　况

1. 美国是转基因技术最领先的国家，其转基因技术的商业化应用最为广泛

美国的转基因作物的种植面积大，种植比例高。2014 年，美国转基因作物的种植面积为 7 310 万公顷，占全球种植面积的 40%。其中，94%的大豆、93%的玉米、96%的棉花都是转基因作物。转基因作物的种植给美国农业带来了巨大的收益：从 1996 年美国率先将转基因作物商业化种植至 2013 年，转基因作物为美国农业至少带来了 584 亿美元的收入，这大约是全球农业在同一时期的收入的 44%。同时，种植转基因作物能减少虫害问题、降低农药使用以及有利于环境保护和促进农业的可持续发展等。

2. 美国是全球最早实施转基因生物技术监管的国家

1986 年 6 月，白宫科技政策办公室正式颁布了《生物技术管理协调框架》（Coordinated Framework for Regulation of Biotechnology），形成了转基因监管的基本框架。其核心目的是在保证公众健康的同时，确保生物技术产业能持续的发展。并以“实质等同性原则”和“个案分析原则”作为监管的指导原则。在美国，转基因的监管主要由美国农业部、美国食品药品监督管理局和美国环保局共同负责。美国农业部的主要职责是保证转基因生物的农业和生态安全。美国食品药品监督管理局负责监管转基因生物制品在食品、饲料以及医药等中的安全性。美国环保局

的监管内容主要是转基因作物的杀虫特性及其对环境和人的影响。美国食品药品监督管理局认为通过转基因生产的食物和传统食物没有实质性的区别，因此没有必要对转基因食品进行标识，其在2001年发布的指导草案允许行业自愿标识不包含任何转基因成分的标签。

（二）法律法规及管理机构

美国对转基因生物的安全管理起步较早，是全球最早实施转基因生物技术监管的国家，其管理主要是基于现行法规，而未专门为转基因生物安全管理立法，各相关部门在现行法律的基础上制定相应的管理条例和规定。

1. 新拟的法规

（1）联邦法案67FR50578。

为了进一步减少转基因作物在田间试验过程中，外源基因和转基因产品对种子、食品和饲料的混杂，2002年8月，美国新拟了联邦法案67FR50578。法案制定的原则：一是转基因植物田间试验的控制措施应当与转入蛋白和性状所带来的对环境、人体和动物的风险相一致；二是如果转入性状或蛋白存在不可接受或不能确定的风险，田间试验应当严格控制杂交、种子混杂的发生，以及外源基因及其产物在任何水平对种子、食品和饲料的混杂；三是即使转入性状或蛋白不存在对环境或人类健康不可接受的风险，田间试验也应尽量减少杂交和种子混杂的发生，但外源基因及其产物可以在法规框架下可接受的水平。法案在FDA、USDA、EPA的协调框架下执行。

（2）美国农业部对药用和工业用转基因植物田间试验的新规定。

目前，美国转基因作物的研发已从农业领域逐步扩展到药用、工业用领域，引领农业产业升级。为保障这些新兴领域的健康发展，AHPIS对药用、工业用转基因植物的管理法规进行了修改，此类转基因作物不再实行备案程序，只能通过许可程序进行田间试验。对于以下所描述的情况，对于不同的个案，AHPIS 会根据申请者的具体情况进行处理。

APHIS 对药用或工业用转基因植物的田间试验进行以下修改。

——为确保田间试验的转基因植物不与周围用于食品或饲料的植物相混杂，在试验田周围增加 7～15 米的边界，并禁止将种植于试验田及其边界耕地的植物用于食品和饲料。AHPIS 还增加了试验田四周面积，以保证农用机械的正常工作，同时也防止转基因植物与邻近可能用于食品或饲料的植物相混合。

——APHIS 禁止于下一季在转基因作物试验田及其边界田种植食用和饲用作物，以防止作物在收获时可能混杂转基因自生苗。

——试验期间，APHIS 要求试验地有专用的播种机和收割机。此外，拖拉机和耕耘机械，如圆盘耙、犁、耙、深耕铲等工具不需要专用，但必须按照 APHIS 认定的程序清洗干净。为确保监管机械流出试验田，AHPIS 要求相关机械在其他地方应用时必须通过认可。

——试验期间，AHPIS 要求有专用的机械设备和监管材料储存场所。这些工具在常规应用时，必须按照 AHPIS 认定的程序进行清洗。

——试验单位的清洗程序必须通过 APHIS 认证，以减少种子通过田间操作及其工具从试验田中流失。

——试验单位的种子清洗和干燥程序必须通过 APHIS 认证，以限制植物材料的转移，同时将种子丢失或溢出的风险降低到最低。

——APHIS 会要求被许可人参加培训，以保证其能履行和遵守许可条款。

2. 管理机构

管理部门	管理范围	依据的法规
农业部	种植安全	《植物保护法案》
食品药品监督管理局	食用安全	《联邦食品、药物与化妆品法》
环保局	环境安全	《联邦杀虫剂、杀菌剂和杀鼠剂法案》

美国农业部

美国农业部下属的动植物卫生检疫局（Animal and Plant Health Inspection Service，APHIS）的主要职责是监管转基因植物的种植、进口以及运输。APHIS 主要采取两种程序来监管转基因生物安全，包括备案程序（Notification process）和许可程序（permitting process）。

①备案程序是为普通的转基因作物提供的最快捷的审批程序。那些满足 APHIS 标准，被认为可以安全引入、基因插入稳定以及蛋白表达不会引发植物病害的作物，备案程序能使申请快速获得批准。当申请人提出申请备案程序时，APHIS 将在给定的时间内及时给予批准与否的回复。若申请被驳回，申请人可申请许可程序。

②许可程序较为复杂，主要适用于不满足 APHIS 标准的作物。在递交申请后 90 天内，APHIS 完成完整性检查。若数据不充足，则退回给申请人，并要求其在 30 天内补充完整。若数据充足，则针对该申请征询公众意见。征询意见的结果分为两种：一是转基因生物不存在实质性问题；二是转基因生物存在实质性问题。若征询意见不存在实质性问题，USDA 发布初步裁定，若在 30 天的公示期内，收到实质性问题的建议，则进行修改。初步裁定生效后，在 USDA 网站上公布。若征询意见存在实质性问题，USDA 拟定环境评估和植物虫害风险评估，并征询公众意见。在评估报告及公众意见的基础上，USDA 决定接受或驳回申请。

如果申请人提供充足的信息证明转基因生物与自然界中非转基因生物无本质区别，不会对自然界生物造成更大的危害，则APHIS可对转基因生物解除管制。一旦转基因作物处于解除管制的状态，该转基因作物的商业种植、运输及进口则不再受USDA的进一步监管。

美国食品药品监督管理局

FDA长期负责美国食品和药品的安全问题，其监管活动的最重要法律依据是《联邦食品、药物与化妆品法》(Federal Food, Drugs and Cosmetic Act, FFDCA)。1992年，FDA首次出台《关于源自新植物品系的食品的政策申明》，该政策申明与《协调框架》一致，目的是大力促进生物技术发展，减少公众对转基因生物的担忧。FDA建立了一个自愿咨询程序，分为早期食品安全评估（Early Food Safety Evaluation, EFSE）和生物技术上市前备案（Pre-Market Biotechnology Notification, PBN）。虽然FDA的咨询程序属于自愿程序，但基本上在美上市的转基因产品都经过FDA的咨询。

在转基因生物的研发早期，FDA建议研发商就转入的新蛋白与FDA进行早期食品安全评估。如果认为新转入的蛋白被认为是安全的，那么当这个蛋白被转入其他植物中时，就不需要再次进行早期食品安全评估。

在生物技术产品上市前的通知阶段，申请人需要提供《国际食品法典》（Codex）指南中所要求的数据信息。食品添加剂安全办公室（Office of Food Additive Safety, OFAS）评价人类食品安全的数据，而兽药中心（Center for Veterinary）评估动物饲料的安全数据。在评估人类食品和动物饲料安全中，最受关注的成分数据包括氨基酸、脂肪酸、基本组分和抗营养物质，对于某些作物（比如大豆）还需进行内源性致敏原评估。负责产品咨询的生物技术小组确认转基因产品没有安全问题后，FDA撰写咨询备忘录并公示。

美国环保局

与USDA关注转基因生物的种植安全不同，EPA监管的重心则是转基因作物的杀虫特性对环境和人类的安全。在EPA中，具体负责监管转基因作物的机构是生物杀虫剂污染防治处（Biopesticides Pollution Prevention Division，BPPD）。

根据《联邦杀虫剂、杀菌剂和杀鼠剂法案》（Federal Insecticide，Fungicide and Rodenticide Act，FIFRA），EPA有权对农药的生产、销售和使用进行监管。需要指出的是，EPA的监管范围并不是作物本身，而是转基因作物中含有的杀虫和杀菌等农药性质的成分。例如，Bt玉米能产生Bt杀虫蛋白，对环境产生了影响。因此根据FIFRA，EPA有权监管Bt基因及其蛋白。

EPA通过如下几种方式进行监管：实验用途许可（Experimental Use Permit）、注册程序（Registration Process）、注册程序豁免（Exemption from Registration）、食物中农药的限量（Pesticide Food Tolerance）和植物内置式农药（Plant-Incorporated Protectant，PIP）监管。

实验用途许可：在大规模商业化生产前，EPA要求对农药进行实验用途许可审批。对转基因抗虫作物，EPA只要求进行小规模的田间实验。

注册程序：FIFRA规定，除了个别特殊情况，任何未经注册的农药不得在美国销售。在注册过程中，通常需要进行大规模的田间试验，EPA根据所获得的数据，评估该农药的使用是否对环境安全。该农药注册成功后，既可在美国销售。

注册程序豁免：满足以下条件的农药，将有资格获得EPA的注册豁免：对环境的潜在威胁很小（包括对人类、动物、植物、水、空气和土壤等）以及在没有安全监管的情况下，也不太可能对环境造成非预期危害。

食物中农药的限量：如果在考虑膳食暴露以及其他暴露后，该农药残留的累积效应不会对健康造成损害，那么根据《联邦食品、药品及化妆品法案》规定，该农药可免设限量。

植物内置式农药监管：EPA定义的植物内置式农药是在植物体内产生并在活体植物中应用的，具有农药性质的成分。EPA监管的是由转基因作物表达的"农药成分"，而不是植物本身。根据FIFRA的规定，复合性状的转基因作物可以免除注册程序。

根据《杀虫剂注册改进更新法案》（Pesticide Registration Improvement Act，PPIA)，EPA实行"按服务收费"的制度，根据所登记的产品需要申请的项目进行收费。（图1-1）

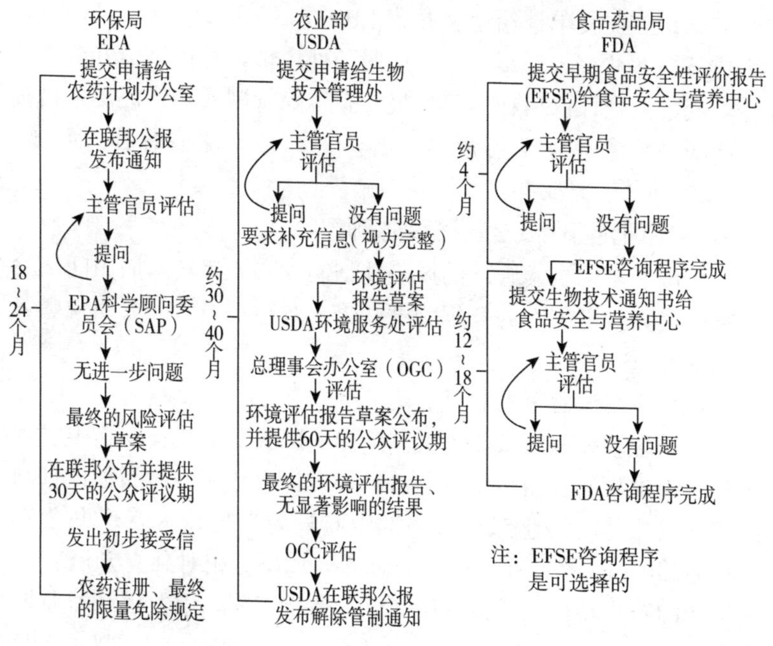

图1-1　美国转基因管理机构

3. 管理过程

美国采取以产品管理为主的管理模式。所谓产品管理，是以产品的特性和用途为基础；监管重点是批准商业化应用之前的研究阶段。以适用既有法规为原则，以进行专门立法为例外。多部门分工协作管理：国家卫生研究院负责对实验室转基因生物安全进行监管；农业部监管转基因种植、进口转基因种子及活性繁殖材料；食品药品监督管理局负责转基因生物食品、饲料的营养和安全咨询；环境保护局负责转抗虫、抗除草剂。基因的产品安全，开展用作农药的转基因生物的安全评价。未进行安全等级划分，仅在局部领域视评价对象是否符合法律法规规定的条件，采取稍有差别的管理措施。提交生物技术通知书给食品安全与营养中心，主管官员评估后若无问题，FDA 咨询程序完成并在官网发布结果。提交申请给生物技术管理处，职业科技评审员评估，生成环境评估报告草案交由环境服务处评估，总理事会办公室评估，经过公众评议后在联邦公报发布解除管制通知。提交生物技术通知书给食品安全与营养中心，主管官员评估后若无问题，FDA 咨询程序完成并在官网发布结果。

4. 美国转基因安全管理审批制度

美国转基因技术管理的风险评估制度主要有转基因田间试验审批制度、转基因农药登记制度和公众对转基因食品行使自愿咨询制度。

（1）田间试验审批制度。

美国转基因田间试验审批制度由美国农业部执行。它主要管理转基因生物的跨州转移、进口、环境释放和解除田间种植管制四类活动。美国农业部动植物卫生监管局生物技术管理办公室（Biotechnology Registration Services，BRS）相对独立开展转基因生物的跨州转移、进口和田间试验审批工作，以及解除非监控状态许可。

美国实行专职审查员制度，一般不借助于外围专家，受理、审查、发放批件等一系列过程在一个部门内完成。田间试验审批制分三种类型，一种是标准审批程序（图 1-2），审批时限为 120 天；一种是简化审批程序，审批时限为 30 天；一种是药用工业用转基因生物审批程序，审批时限为120天。对于常规作物的审批有效期限是一年，没有续申请。田间试验的审批侧重点为试验环境和安全控制措施。田间试验的评价内容由研发单位自行决定。解除非监控状态许可，即生产种植的商业化许可，获得非监管状态的转基因作物方可以大规模生产种植（图1-3），审批时限依个案补充材料而不同，一般为6个月，少数审批长达3～5年，其中联邦公告公开征求公众意见的时间为60天（表1-1）。

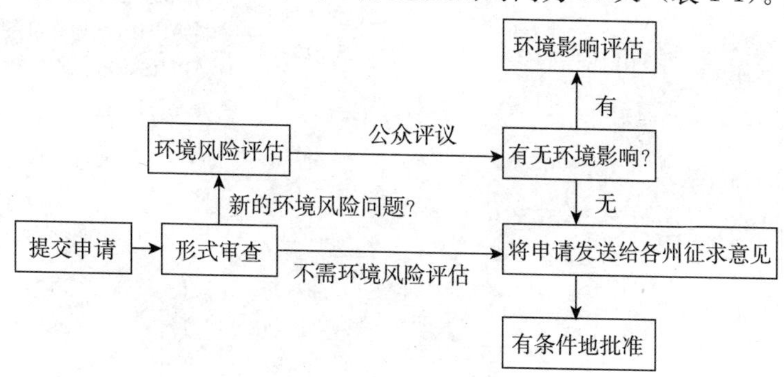

图1-2　美国转基因作物田间试验审批程序

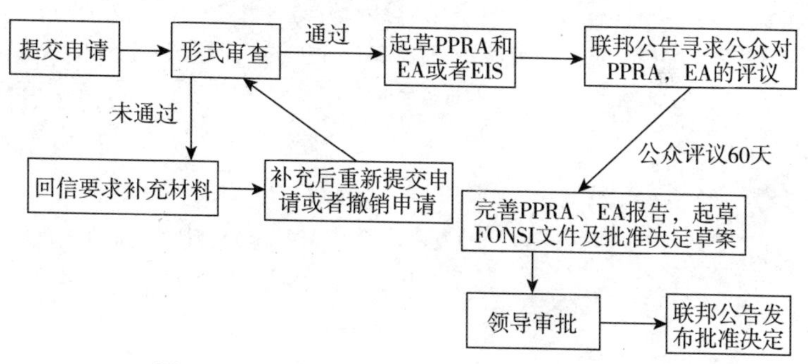

图1-3　美国转基因作物商业化种植审批程序

EA：Environmental Assessment，环境评估

PPRA：Plant Pest Risk Assessment，植物虫害风险评估

FONSI：Finding of No Significant Impact，无显著性影响报告

EIS：Envir. Impact Statement，环境影响报告

表 1-1　美国 BRS 对各种转基因植物田间试验审批和监管情况比较

	简化审批程序（Notification/ Streamlined Alternative to the Permit）	标准审批程序（Standard Permit）	药用工业用转基因作物的审批（PMPI Permit）
适用对象	植物	植物、微生物、昆虫	植物、微生物
外源基因	功能明确的基因	任何外源基因	药用、工业用
限制性条件	按操作标准进行	申请者提供详细资料 APHIS 附加限制条件	申请者提供详细限制资料 APHIS 增加许可条件 APHIS 批准标准操作行为规则和培训
申请审批时限	10 天——州际转移 30 天——进口，田间试验	60 天——进口，州际转移 120 天——田间试验	60 天——进口，州际转移 120 天——田间试验
批准期限	1 年	1 年——州际转移 1 年——多年生植物； 3 年——田间试验	1 年——州际转移 1 年——多年生植物； 3 年——田间试验
田间检查对象	在所有批准的申请中，随机选择 25%，被选中的申请中只抽查一个试验点	全部批准的申请中，每个申请在每一个州选择一个试验点进行检查	全部批准的申请中，所有地点进行全面检查
田间检查次数	1 次	1 次	7 次
田间检查时间	生长期	生长期	种植前、苗期、花期、收获期、收获后期各一次，下一个生长期两次
提交报告	种植期农事活动报告；非预期效应/意外逃逸报告；田间试验报告	种植期农事活动报告；非预期效应/意外逃逸报告；田间试验报告；自生苗监控报告	非预期效应/意外逃逸报告；种植前报告；种植期农事活动报告；收获前报告；自生苗监控报告；田间试验报告

(2) 转基因农药登记制度。

转基因农药登记制度由美国环保局执行。该环保局认为所有农药都具有风险，通过综合评价农药的益处和风险，来确定这种农药是否具有不合理的风险。对于转基因生物，环保局主要对植物内置式农药试验使用许可、登记和残留容许 3 种活动进行安全评价。残留容许可以分别与试验应用许可、农药登记同时申请。生物农药与传统农药相比风险较小，因此环保局对植物内置式农药所要求的实验数据较少，审查时间较短。

试验使用许可解析。如果植物内置式农药田间试验超过 40 468米^2，则需要向环保局申请试验应用许可，一般审批试验需要 6 个月。植物内置式农药的试验应用必须同时获得临时残留容许。试验应用许可申请的资料和农药登记资料基本相同，某些需要通过大规模田间试验获得的资料可以暂不提供，例如蛋白表达、对非靶标生物风险评价的高级别试验资料、抗性治理以及大规模应用益处的资料。

农药登记制度解析。植物内置式农药的登记程序和传统农药相同，但登记审批时间较短，一般来说，新型植物内置式农药登记需要 18 个月。大部分农药登记具有有效期，到期后需要再次安全评价，目前几乎所有的植物内置式杀虫剂都进行了再次评价。不仅如此，根据法律规定，所有登记的农药 15 年后必须重新进行安全评价。农药登记资料主要包括产品特性、人类健康风险评价、基因漂移评价、对非靶标生物风险评价、环境流向评价、Bt 作物抗性治理和植物内置式农药的益处。

残留容许解析。植物内置式农药的试验应用许可需要获得临时残留容许，农药登记需要获得残留容许。残留容许主要基于农药对人类健康风险评价的资料，目前所有植物内置式农药的残留容许均为残留免除。临时残留容许和残留容许没有本质区别，只是有效期不同。

(3) 转基因食品实行自愿咨询制度。

转基因食品实行自愿咨询制度由美国食品药品监督管理局执行。它共分为以下两个层次：

一是建立了转基因食品新表达蛋白的早期咨询制度。为应对转基因生物田间试验可能造成的无意混杂，食品药品监督管理局鼓励研发者在研发前期进行咨询。早期咨询主要针对转基因食品新表达蛋白的过敏性和毒性，主要包括：新表达蛋白的名称、特性和功能，新表达蛋白的食用历史，遗传材料的特性和来源，新表达蛋白改造的目的及其影响，新表达蛋白与已知过敏原和有毒物质的氨基酸序列比对，新表达蛋白稳定性及其体外对酶降解的抗性。食品药品监督管理局收到申请后 15 个工作日做出受理答复，120 日内对申请评价做出答复。

二是建立了转基因食品上市前的咨询制度。研发者完成自我评价后，可以向 FDA 申请转基因食品上市前的咨询。上市前的咨询同时针对新表达蛋白和转基因生物，新表达蛋白资料包括蛋白特性、来源、潜在毒性和过敏性、日常暴露量和营养组成等；转基因生物资料包括遗传稳定性、营养和有毒物质的组成等。FDA 收到申请后 30 日内做出受理答复，审查时间为 6 个月左右。事实上，所有拟上市的转基因产品还没有不去“咨询”并获得答复的。

(三) 商业化情况（表 1-2）

表 1-2　美国转基因作物商业化种植情况

品种	种植面积（截至 2014 年，公顷）
玉米	27.5 万
大豆	3 430 万
棉花	450 万
油菜	72.9 万

（续）

品种	种植面积（截至 2014 年，公顷）
甜菜	50 万
苜蓿	13 万
木瓜	0.1 万
南瓜	0.1 万

抗虫玉米有一个间接效应：减少了害虫侵害的同时也减少了真菌的侵染，从而降低了对健康有严重伤害的真菌毒素污染。转基因玉米使人们在过去的 14 年中获得了 32 亿～36 亿美元的效益，而其中有 19 亿～24 亿美元是来自于“光环保护效应”。这与对害虫种群抑制的理论预测一致（转基因种植区对害虫的有效防治可以惠及周边非转基因种植区）。

2010 年明尼苏达大学的一份报告显示，种植 Bt 玉米也能使传统玉米受益。从 1996 年开始，在美国中西部大规模种植 Bt 玉米抑制了欧洲玉米螟的数量，从而每年减少了 10 亿美元的损失。玉米螟不能分辨 Bt 玉米和常规玉米，因此玉米螟会同时在这两种玉米田中产卵。孵化出来的幼虫吃了 Bt 玉米后，会在 24～48 小时内死亡。因此，在 Bt 玉米地旁边的常规玉米田中的玉米螟也会减少。综合明尼苏达、伊利诺伊、威斯康星、爱荷华以及内布拉斯加州的数据，从 1996 年至 2009 年的 14 年间，由于害虫数量的降低至少避免了 69 亿美元的损失，而其中常规玉米受益最大，达 42 亿美金。

2010 年，美国国家研究委员会发布了一份关于转基因的独立报告。研究结果表明转基因作物的种植为美国农业带来了巨大的收益。相比传统作物，美国农民更愿意种植转基因作物。种植转基因作物能减少虫害问题、降低农药使用以及提高产量等。

转基因产品的商业化仅仅是历史长河中人类为满足社会需求而与自然互动的又一阶段，借助遗传修饰来辅助育种已经有了长久且安全的历史，生物技术不过是以更加精确的方法延续了它的优势而已。最核心的一点就是监管体系应该在充分保护消费者和环境的同时，不能阻碍有益的科技创新。

(四) 转基因标识

美国对转基因产品加工和经营没有特殊要求。转基因产品可以采取自愿进行转基因标识，美国食品药品管理局要求转基因标识必须真实、不能误导消费者。《转基因食品自愿标识指南》规定，标签只能标注产品的事实，标注非转基因产品优于转基因产品，以及对没有商业化的转基因产品进行非转基因标识都是误导消费者。

1. 转基因成分是否标识的依据

FDA 在 2001 年发布了指导草案，允许行业自愿标识包含任何转基因成分的标签。这份指导草案称，要证明完全不含转基因成分是不可能的，因此禁止声称食品是“非转基因的”。草案还指出：“标识某食品是非转基因的，表达或暗示该食品的优越性(更安全或更高质量）将会产生误导。”FDA 表示，没有证据显示转基因食品“不同于其他传统食物，或者新技术开发的食品比传统育种植物有更大的安全问题”。因此，既然通过转基因生产的食物和传统食物没有实质性的区别，那么就没有标识转基因食品的必要。从最初发现至今 20 年以来，FDA 审查了超过 100 起转基因事件，但没有遇到任何证据或数据使其改变该立场。

2. 为什么转基因标识在美国并不受欢迎

2012 年 11 月 6 日，加利佛尼亚第 37 号提案（转基因食品是否强制标识）被否决。2013 年 11 月 5 日，华盛顿州居民否决了强制标识转基因食品的 552 号法案。在 2014 年 1 月，新罕布什尔州众议院以 185∶162 否决了类似的转基因标识提案。康涅狄格州和缅因州有要求标识转基因的法案，但要求其他州有类似的法案通过，该法案才能生效。同年 11 月 8 日，科罗拉多州以 66%的反对票对 34%的支持票，否决了要求在零售店标识转基因食品的法案。这是连续第二年科罗拉多州的转基因支持者否决了这些阻碍新技术发展的法案。

Alston 和 Sumner 的一项研究表明，如果加利佛尼亚第 37 号提案通过，那么该提案将会增加 12 亿美元的成本。这将会加在农场或是食品行业里的成本中，不论是直接的还是间接的，都会最终转嫁到消费者身上。康奈尔大学的科学家研究发现，转基因标识将会使美国的一个四口之家每年增加 500 美元的开销。转基因标识的目的是为了满足消费者的好奇心，当然也会提高有机食品生产商的销售额。不论对转基因食品生产商或消费者来说，标识的成本都是巨大的。

（五）研发现状

1. 研发机构

美国是转基因技术最为领先的国家，其转基因技术的商业化应用也最为广泛。1996 年，美国农业部批准了玉米、大豆和棉花的商业化种植，这也是全球转基因作物商业化的第一年。2010 年，仅在美国从事转基因研究的单位就有将近 300 家。开展研究实验较多的公司有孟山都、先锋、先正达、杜邦、艾格福、阿伯基因等；研究机构及大学有美国农业部、爱荷华州立大学、佛罗里达大学等。

2. 研发历程（表 1-3）

转基因作物根据转基因的性状分为三代。第一代转基因作物主要的性状是抗除草剂、抗虫、抗病以及对恶劣环境的抗性，其主要目的是为了减少化学农药的使用、降低耕种成本以及增加作物产量。第二代转基因作物的开发，提高了作物产品的品质，其性状主要有高产、低植酸、优质蛋白、优质纤维、优质油分以及高直链淀粉等。第三代转基因作物还在研发中，例如含有胡萝卜素转化酶系统的“黄金大米”，可改善因维生素 A 缺乏导致的失明和免疫低下。

表 1-3 美国转基因技术发展历程

时间	事 件
1970 年	密歇根大学、北达科他州立大学和美国农业部的实验室最早进行了转基因土豆的研究
1974 年	抗青霉素基因被转到大肠杆菌体内，揭开了转基因技术应用的序幕
1983 年	全球第一例转基因植物烟草研制成功
1985 年	美国动植物检疫局首次批准 4 种转基因作物进入田间测试阶段
1986 年	美国美国环保署允许世界第一例转基因作物烟草进行种植
1994 年	美国第一种转基因食品——转基因晚熟西红柿获得商业许可
1996 年	美国转基因作物全面进入商业化种植阶段
2000 年	美国转基因大豆面积首次超过普通大豆
2013 年	美国转基因作物种子面积达全美作物种植比例的 50%

3. 未来发展趋势

(1) 性状特点。

转基因作物的一个重要特点是复合性状，也是未来的发展趋势。复合性状叠加的转基因作物可获得双重或多重效益，杂草害虫的选择压力也较低。最近几年，人们对复合性状的转基因产品的接受程度越来越高。2014 年，复合性状的转基因棉花种植总面积达 78%，复合性状玉米为 76%。美国公司更是研发出了八重抗逆抗虫性状的复合性状品种——SmartStax，对地上和地下害虫具有抗性，并且对广谱除草剂有抗性。

(2) RNA 干扰技术。

RNA 干扰技术也逐步应用于转基因作物的开发中。Rainbow 木瓜就是应用 RNA 干扰技术，使木瓜获得了抗木瓜环斑病毒的能力。佛罗里达州的柑橘产业面临着引起柑橘黄龙病的危险。柑橘黄龙病是世界上柑橘生产的毁灭性病害，对于这种病害，并没有有效的控制体系，主要的方法是砍掉整个果园。对于这种病原体，从其他植物中获得抗性基因的生物技术解决方案已经有了进展。

二、》》》

欧　盟

（一）概　况

欧盟总面积为 4 381 376 平方千米，欧盟公民人口达到 5.07 亿，是世界上第一大经济实体，进出口均居世界首位，成员国内部贸易发展迅速。2014 年，欧盟生产总值达到 18.399 兆美元，超过美国（17.4 兆美元）。工业和交通运输业（外贸经济）极其发达，航空业和旅游业处于世界领先地位。

1. 粮食安全是欧盟整体安全战略的密切组成部分

因此，欧盟的农业政策强调保证粮食安全，保护本地粮食种植产业。而近些年来，由于肉类消费需求高，欧盟需要大量进口谷物作为饲料，以大豆的需求量最高。其中，豆粕的进口量占其需求总量的比例高达 70%左右，例如 2014 年，欧盟进口的豆粕就达 1 930 万吨。与此同时，商业化的转基因作物品系大多来源于美国的生物技术公司，在国际社会贸易自由化的压力下，欧盟对转基因食品的阻挡也是其设置贸易壁垒、保护本国农业的方式之一。从种植者的角度，欧盟农民种植本地非转基因品种可以得到政府的高额农业补贴，而如果选择种植转基因农作物，其产品还要在后续生产、加工和销售等环节进行强制标识而产生额外高额成本，这也是在欧盟范围内推广转基因产品缺乏动力的重要原因。

2. 欧盟民众反对转基因的主要原因

欧盟民众的生活水平较高，人民生活富足，多数反对转基因的民众具有良好的教育背景和较高的收入水平，因此，对于他们来说没有必要采用新的技术解决民生问题。近年来，欧洲地区发生了一系列食品安全事件，例如疯牛病、二噁英等事件，也使欧洲民众对食品安全问题十分敏感和谨慎。虽然这些事件不是转基因产品引起的，但却造成了欧洲民众对监管机构信任程度降低，人们对新技术产品产生抵触心理。宗教因素也是导致转基因公众接受度低的原因之一。由于欧盟国家大多民众有宗教信仰，生物技术育种方式是宗教人士和一些民众不能接受的，这种社会意识在科学层面上无法在短时间内改变。此外，一些政治党派为了赢得民众支持率，也会从政策或决策等方面站在反对转基因的立场上。

（二）法律法规及管理机构

1. 欧盟各国在世界上被誉为是对转基因生物安全管理比较严格的地区和国家，其各成员国依照欧盟委员会制定并颁布的统一的法律和指令，对转基因生物及其产品实施管理

表 2-1　法律法规发展过程

年代	法规发展的主要事件
1986—1991	建立最初的法规体系，通过了 90/219/EEC 指令（关于转基因微生物的限制使用）和 90/220/EEC 指令（关于人为向环境释放转基因生物）
1992—2001	针对潜在的问题和风险，对法规进行修改，通过了 2001/18/EC 指令（关于人为向环境释放转基因生物，替代 90/220/EEC）；开始研究并制定关于转基因食品和饲料、转基因生物的可追踪性和标识等法规
2001 至今	通过一系列法规和条例，对法规进行修改和完善： (EC) 1829/2003 条例（关于转基因食品和饲料的管理） (EC) 1830/2003 条例（关于转基因生物可追溯性和标识及由转基因生物制成的食品和饲料产品的可追溯性） (EC) 1946/2003（关于关于转基因生物的越境转移） 2009/41/EC 指令（关于转基因微生物的限制使用，替代 90/219/EEC） 2015/412 指令（对 2001/18/EC 的修改，允许成员国自行决定是否在本国区域内种植转基因植物）

2. 法规框架

随着生物技术的发展和统一转基因生物产品投放市场的管理需要，欧盟于1990年颁布了有关转基因生物安全管理法规，十多年中不断进行补充、修订，逐步形成了从总体性的普通法规与专项法规相配套的法规体系。

(1) 普通法规。

1990年4月23日，欧盟以指令的方式颁布了两个有关转基因生物管理的法规。

一是《关于限制使用转基因微生物的条例》(90/219/EEC)。该条例对转基因技术的使用、微生物安全等级的划分标准、安全控制措施以及提供信息等要求作出规定。1990—1998年，对该条例进行了补充、修订，陆续颁布了两个配套法规：①《转基因微生物隔离使用指令》(98/81/EC)，包括实验室、温室、实验动物控制、环保等标准及审批程序；②前后两个《关于从事基因工程工作人员劳动保护的规定》(90/679/EEC和93/88/EEC)。

二是《关于人为向环境释放（包括投放市场）转基因生物的指令》(90/220/EEC)。这是欧盟实施转基因生物管理的主要法规，该指令对具有生命活力的转基因生物释放到环境以及将转基因生物产品投放市场之前的风险评估、产品安全审查作出了规定。要求生产者或进口商在转基因生物的环境释放或投放市场之前必须向最先投放市场的成员国的主管部门提出报告书，并提交欧盟委员会和其他成员国，根据科学委员会的评估意见，经欧盟委员会和多数成员国作出同意的决定后，该产品方可环境释放或投放市场。该法规对环境释放的审批有严格的规模、范围限制，但对批准投放市场的转基因生物及其产品不限制规模，地点，只限定用途（繁殖或加工），其衍生物或由该品种杂交选育出的品种可不再申请安全性评价。这一法规自颁布以来经过8次修订，目前执行的是1997年6月修订的97/35/EC号指令。根据这一指令，欧盟自1998年4月至2003年，没有再批准新的转基因生物产品投放市场。2004 年开始解禁。

(2) 特定（专项）法规。

自 1991 年 10 月 90/220/EEC 指令实施以来，由于批准进口的转基因大豆、玉米和油菜引起消费者的强烈反应，欧盟于 1997 年 1 月制定并颁布了《关于新食品和新食品成分的管理条例》(97/258/EEC)，对转基因生物和含有转基因生物成分的食品进行评估和标识管理。以后又相继出台了《关于转基因食品强制性标签说明的条例》（1139/98 /EC)、《关于转基因食品强制性标签说明的条例的修订条例》（49/2000/EC）和《关于含有转基因产品或含有由转基因产品加工的食品添加剂或调味剂的食品和食品成分实施标签制的管理条例》（50/2000/EC）等三个补充规定。但 97/258/EEC 中对转基因生物制成的饲料并未作出规定，因此目前欧洲对转基因饲料并未实施追踪和标识。

欧盟新拟定的法规：

近年来，欧洲议会和欧盟理事会根据转基因生物技术的发展情况，修订、新拟了一些转基因生物安全管理的法规。具体如下：

①欧洲议会和理事会 2003 年 7 月 15 日颁布了 No. 1946/2003 条例：《关于转基因生物的越境转移》。

②欧洲议会和欧洲理事会（EC）2003 年 9 月 22 日颁布了 No. 1829/2003 条例：《关于转基因食品和饲料》。

③欧盟委员会 2004 年 4 月 6 日颁布了 641/2004/EC 条例：为执行欧洲议会和理事会（EC）No. 1829/2003 条例而制定的实施细则，有关审批新转基因食品和饲料的申请，通告现有产品及因偶然或技术上不可避免而出现的转基因成分，但其已通过了风险评估的肯定评价。

④欧洲议会和欧洲理事会（EC）No1830/2003 条例：关于转基因生物可追溯性和标识及由转基因生物制成的食品和饲料产品的可追溯性及对 2001/18/EC 指令的修正。

⑤欧盟委员会建议书：关于确保转基因作物与传统和有机作物共存的国家战略发展和最佳操作方案的指导准则（第C（2003）2624号文件公告）（2003/556/EC）。

⑥欧盟委员会（EC）No65/2004条例：开发和设立转基因生物独特标志系统。2004/1/14。

⑦欧洲议会和欧洲理事会发布2009/41/EC指令对关于转基因微生物封闭使用的90/219/EEC指令进行替换。

⑧欧洲议会和欧洲理事会发布2015/412指令，对2001/18/EC指令进行一些修订，允许成员国自行决定是否在本国区域内种植转基因植物。

3. 法规实施

欧盟各成员国在统一的法律规范下，根据本国的实际情况建立转基因生物安全管理体系，对转基因生物的实施管理。

欧盟总部：涉及转基因生物及其产品安全立法及管理的机构主要有：环境总司、健康与消费者保护司、食品司以及与产品相关的农业总司、工业总司、运输总司。负责转基因生物安全法规制修订工作的是一批相对固定的法律、技术官员和专家。近年，为了加强对转基因生物产品的全程监控，由健康与消费者保护司对转基因生物的田间试验、环境释放、投放市场实行归口管理，该司人员编制由80人增加到300人。食品司负责转基因食品的标识管理。另有科学研究总司及生物技术、环境、食品安全联合研究中心负责相关的科技咨询和研究计划。

德国：卫生部从总体上负责有关生物技术与生物安全的政策法律和医药、人体安全管理。联邦消费者保护与农业部负责转基因生物、食品、饲料等产品的安全管理。两个部门都分别指定所属研究机构对转基因生物及其产品进行安全性评价与检测。科技教育部负责制定科技发展政策和生物技术研究、生物安全与食品安全等研究计划，安排政府资助项目。联邦州政府负责对本州的转基因生物安全申请的申报、审查和监督管理。

法国：农业部食品总局（设有生物工程与食品法规处）负责有关转基因生物管理法规的制定、转基因产品的市场准入、生物安全委员会办公室以及向欧盟委员会提交本国的申请和建议等工作。财政经济部的竞争、消费与反走私总局全面负责国内市场商品的质量与安全管理，对转基因产品主要负责标识、检测与监督检查工作，并参与国际卫生组织食品法典委员会有关检测技术标准的制定工作。法国分22个大区，100多个省，在22个大区设有专职人员负责转基因产品的监督检查工作。

4. 监管机构（表2-2）

欧盟在转基因监管方面一直保持过于谨慎的态度，审批流程和监管体系也比较复杂，并且随着法规体系的发展而变化。欧盟以及各成员国的多个不同机构参与转基因生物审批过程中科学层面的评估和政治层面的决策，以及日常的管理。

表2-2　欧盟转基因监管机构

管理部门	管理范围	依据的法规
欧洲食品安全局	负责科学层面的评估	科学评估的指导文件
欧盟委员会	负责欧盟各项法律文件的贯彻执行，并可以建议法律文件，并为欧盟议会和欧盟理事会准备法律文件； 基于欧洲食品安全局的科学意见准备决议草案，供成员国部长级会议上投票，并根据投票的结果作出决策	欧盟相关指令、条例
成员国主管部门	包括审批过程初期的一些安全评估，本国商业化的批准，商业化之后的监控和标识等方面。	欧盟相关指令、条例和本国的相关法律法规

5. 欧盟转基因生物安全管理程序

欧盟按照产品用途将转基因生物分为三类管理，第一类为生产种植，批准后可以在各成员国境内大规模种植；第二类为用作食品、饲料，比如食品、饲料及其加工品；第三类用途是既要生产种植，又用作加工原料，为第一类和第二类用途的叠加。

以转基因作物为例，申请用作食品和饲料用途第二类申请的安全评价申请审批程序分为提交申请、风险评估、多层决策审批等三大步骤。

第一步：提交申请

申请单位向某成员国主管当局提交转基因生物用于食品或饲料的申请，主管当局在14天之内确认是否受理该项申请。在提交申请时，必须提交以下材料：

（1）证明转基因食品对环境或健康无害的研究资料；

（2）证明转基因食品与传统食品实质等同的分析报告（例如，特定营养成分或组成成分）；

（3）产品标识的建议；

（4）转基因产品阳性材料及其检测方法；

（5）可以提交市场化后产品监控的建议；

（6）关于商业技术秘密资料的声明；

（7）申报资料的概述。

主管当局将申请资料转交EFSA，EFSA通知所有成员国并向其提供申请资料。

EFSA将申请资料的摘要报告提供给公众。

第二步：风险评估

当所有需要的资料备齐后，欧洲食品安全局在6个月内完成评估报告。如果期间需要提交补充资料，评估时间相应延长。

（1）欧洲食品安全局所做的评估报告的基础来源于转基因安全评价相关领域专家组的科学评估。

（2）如果转基因生物需要根据Directive 2001/18获得环境安全许可，必须提供避免对人类、动植物健康和环境带有负面影响的有效措施。各成员国的联邦当局必须协商这事。

（3）欧洲食品安全局要求欧盟参考实验室评估申请者提供的检测方法。

(4) 随着科学的风险评估，欧洲食品安全局官方评估报告包括：

①产品标识的建议；②根据安全评估结果，可能要求对转基因产品采取市场后期监测的建议；③欧盟参考实验室确证的检测方法；④转基因植物的环境监测计划。

欧洲食品安全局向欧盟委员会和成员国提交评估报告。同时评估报告的公开版本主动向社会公开。

第三步：多层决策审批程序

欧盟委员会自收到欧洲食品安全局评估报告起有3个月的时间来准备一个决定草案。如果欧盟委员会的决定草案与欧洲食品安全局的评估报告结论不同，需要提供书面的理由。

决策过程是在欧盟条约和其他法律文件中规定好了的。这个决策过程不仅适用于转基因安全管理，也适用其他事务性决策过程（根据1999/468/ EG决议案第5条监管程序)。

①欧盟委员会向动植物、食品及饲料常务委员会提交一个决定草案。该委员会由所有成员国的代表组成，通过特定多数表决方式可以批准或拒绝欧盟委员会的决定草案。

②如果动植物、食品及饲料常务委员会不同意欧盟委员会决定草案，或者如果决定草案未获特定多数支持，欧盟委员会可将草案重新提交给由各成员国官员组成的申诉委员会进行投票，如果申诉委员会通过，则可获得授权，如果申诉委员会反对，则欧盟委员会不能决定授权，如果申诉委员会的投票得到“无意见”的表决结果（未达到特定多数)，则由欧盟委员会决定，通常欧盟委员会将给予授权。

③尼斯条约规定了特定多数。每个成员国根据其人口分配了一定的票数。（比如，德国29票，法国29票，捷克共和国12票，马耳他3票)。为了达到特定多数，需要半数以上的国家赞成，并且所有345张票数中必须超过255票。另外，特定多数必须至少代表欧盟人口总数的62%。

所有授权的有效期为 10 年。已授权的转基因食品进入公共注册库。

同样，以转基因作物为例，申请在欧盟成员国境内种植的申请审批程序与上述程序类似。这个授权程序的基础改为环境影响评估。申请者可以选择依据 Directive 2001/18 或者仅依据 1829/2003 而获得授权。如果申请者希望转基因生物既获得释放又作为食品和饲料用途的授权，申请资料提交给成员国当局，成员国可以自行开展风险评估。如果其他成员国或者欧盟委员会表示反对，申请资料需传递给欧盟委员会重新开展安全评估。然后授权过程可以参照上述用作食品和饲料的转基因作物安全授权程序实施。当然，可以提交一份既用于食品和饲料又可用于种植的经整合在一起的安全评估资料（图 2-1）。

EFSA 有 8 个专门科学小组，以及其他专家组针对所有与食品及饲料安全有关的问题进行风险评估。食品科学委员会；动物营养科学委员会；动物健康和福利科学委员会；与公共健康有关的兽医药科学委员会；植物科学委员会；化妆品和其他食品科学委员会；医药和医疗器械科学委员会；毒性、生态危害和环境科学委员会。

（三）商业化情况

1. 转基因作物的种植情况

目前，欧盟地区转基因作物种植面积相对较小。玉米是欧盟地区种植最广泛的转基因作物。2014 年，随着欧盟玉米总种植面积的减少，欧盟 28 个成员国中 5 个国家（西班牙，捷克共和国，葡萄牙，罗马尼亚和斯洛伐克）共种植了 143 016 公顷转基因玉米，较上一年减少了 3%。西班牙仍是欧盟最大的转基因玉米种植国，种植面积虽比 2013 年稍有减少，为 131 538 公顷（2013 年为 136 962 公顷），种植比例却达到创纪录的 31.6%，占整个欧盟转基因玉米总种植面积的 92%。葡萄牙、罗马尼亚和

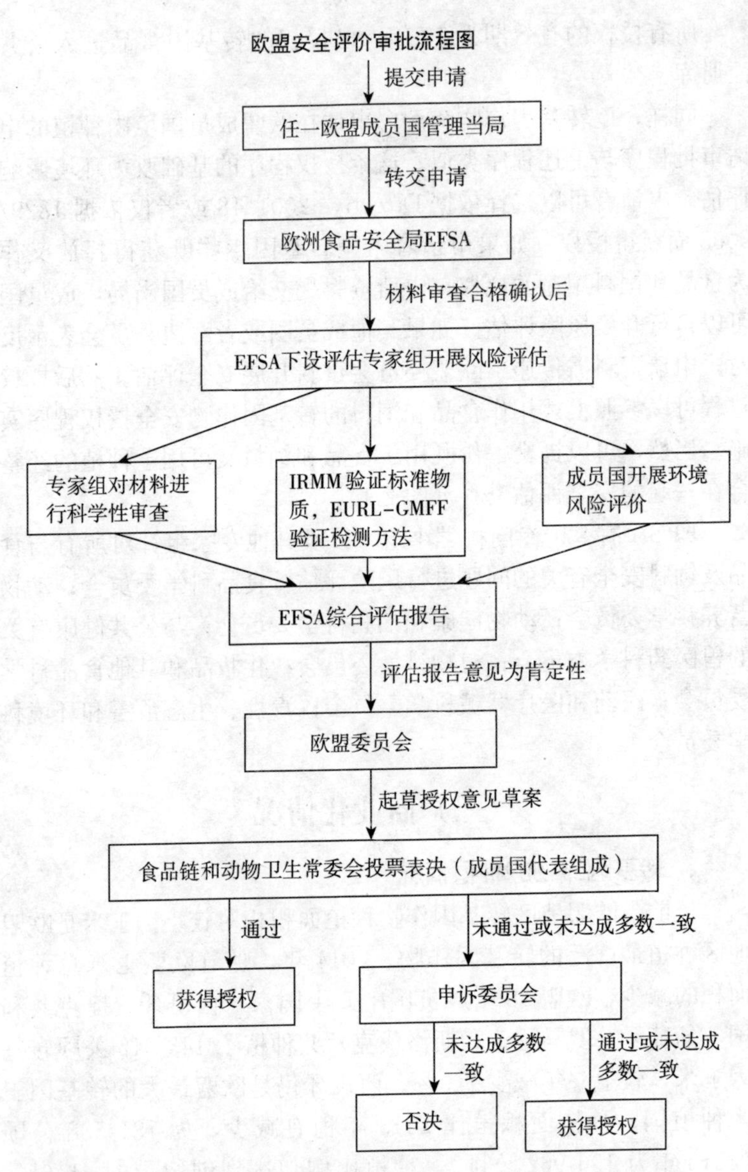

图 2-1　欧盟安全评价审批流程图

斯洛伐克3个国家的转基因玉米种植面积小幅度上升，但是多种因素（比如对单独存储的特定要求以及实施所有特定的欧盟规定所带来的额外成本）都对他们的种植决心产生了消极影响。捷克共和国转基因玉米种植面积小幅度下降，主要因为奥地利等邻国对非转基因产品的需求。

截止到2014年，欧盟共批准了两种转基因作物品系用于商业化种植，分别是1998年批准的美国孟山都公司MON810玉米（授权有效期10年）和2010年批准的德国巴斯夫公司的Amflora马铃薯。孟山都公司于2007年提出MON810玉米延期申请，但一直未得到答复。该公司2008年停止在法国销售MON810玉米，次年停止在德国销售。2013年7月，孟山都公司宣布，放弃在欧洲继续推广转基因作物的计划，撤回有关申请。德国巴斯夫公司的情况与孟山都类似，在经过13年审批过程后，该公司Amflora转基因马铃薯的种植在欧盟获得批准。但2012年，巴斯夫公司宣布停止在欧洲销售转基因作物，撤回Amflora转基因马铃薯。对于放弃欧洲转基因作物市场，两大生物技术公司给出的原因类似：欧洲国家政府及民众普遍不支持转基因作物，欧盟的审批过程严格而漫长，欧洲转基因产品商业化前景黯淡等。德国拜耳公司因上述原因对欧盟市场也未采取积极推广策略。与上述3家生物技术公司相比，美国杜邦先锋公司和瑞士先正达公司仍坚持推进产品在欧盟市场的商业化进程，2家公司正在等待欧盟对9个产品的审批结果，尽管其中一些产品的审批时间已经超过10年，例如欧盟已经通过杜邦先锋TC1507玉米品系的种植安全性评价，但在经过14年的审批过程后，其是否可以在欧盟商业化目前仍悬而未决。

2. 转基因作物产品的进口状况

虽然欧盟允许种植的转基因作物种类很少，但随着领先的农业生产商在全球逐渐加大生物技术的采用率以及欧盟面临的巨大市场需求压力，欧盟对转基因产品进口的政策比转基因作物种植政策宽松。转基因产品贸易主要涵盖动物饲料谷物、食品以及种植用种子，以及纺织业。截止到2014年年底，欧盟共批准了48种（包括玉米、大豆、油菜、甜菜和棉花）转基因产品的进口，其中大豆和玉米是最主要的两种进口转基因产品，大豆产品（平均每年3 000万公吨，数额约1 500万美元）和玉米产品（平均每年600万公吨，数额约20亿美元），占总进口量的比例分别为约90%和25%。这些产品主要用作家畜和家禽饲料，供应国是转基因玉米和大豆的主要生产国——美国、巴西、智利和阿根廷（表2-3）。

表2-3　欧盟两种用途转基因产品审批情况之比较

比较类别	用于生产种植	用作食品和饲料
欧盟法规	转基因生物有意环境释放指令（2001/18/EC）	转基因食品和饲料条例（1829/2003/EC）
适用范围	转基因植物（可以繁殖）商业化应用；进口转基因植物用于环境释放或种植转基因植物	转基因植物源食品和饲料
法规生效时间	2001年4月17日	2004年4月19日
各成员国政府实施时间	2002年10月17日为截止日期之前	不需要；条例对所有成员国立即生效
对应的旧法规	转基因生物有意环境释放指令（90/220/EEC）	关于新资源食品和新资源食品成分的管理条例（258/97/EC）
安全要求	对人类或者环境没有有害影响（环境影响评估）	对人类或动物健康或环境没有有害影响；不能误导消费者
授权要求	科学的安全评估；标准化的转基因生物检测方法；监控	科学的安全评估：与传统对照产品同样安全；标识；检测方法；市场化后监控（非强制）
风险评估过程	（1）向某成员国主管当局提交申请资料； （2）某成员国主管当局开始安全评估（科学层面）； （3）申请资料分发给各成员国主管当局及 欧盟委员会； （4）出现反对和公开质疑的情况下：在欧盟层面开展安全评估	（1）向EFSA提交申请资料； （2）EFSA转基因生物专家组开展科学风险评估

（续）

比较类别	用于生产种植	用作食品和饲料
授权决策	（1）欧盟委员会起草决定草案并向食物链和动物卫生常设委员会（SCFCAH）提交；（2）SCFCAH 投票表决：特定多数通过或被否决；（3）如果未达到特定多数，欧盟委员会将向部长理事会提交决定草案；（4）部长理事会投票表决：特定多数通过或者否决；如果未获得特定多数，决定草案自动生效	
授权有效期	10 年	10 年
基于旧法规已授权转基因产品的处理	仍然有效；旧法规未完成授权过程的需按新法规授权处理，必须补充更多信息	提交补充资料后按旧法规授权产品视有有效；此类产品须自原授权日期起 9 年内提出重新授权要求

（四）转基因标识

欧盟 1997 年颁布的新食品管理条例（258/97），设立了对转基因食品进行标识的最低含量阈值，即当食品中某一成分的转基因含量达到该成分的 1%时，需进行标识。2003 年，欧盟将这一阈值降低到 0.9%。

欧盟是对转基因作物及其产品管理最为严格的地区之一，其对转基因产品管理的原则是将转基因产品认定为新产品，因此无论一种产品是否符合安全标准，只要它是转基因产品都须遵从逐一个案审定。

欧盟最早要求对转基因产品进行标识管理，主要分食品和饲料两部分。欧盟的标识制度更加关注这种产品的加工方法以及追溯其生产过程，这一政策体现在欧盟对所有转基因产品的立法中，旨在提高民众的知情权和选择权。1990 年，欧盟颁布转基因生物管理法规（220/90 号指令）确立了转基因产品标识管理框架。1997 年颁布的《新食品管理条例》（258/97 号指令）则要求在欧盟范围内对所有转基因产品进行强制性标识管理，并设立标识的最低限量为1%，即当食品中某一成分的转基因含量达到1%时，必须进行标识。2003年，欧盟对其转基因标识管理政策进行了修改，要求对所有转基因产品进行标识，并将标识的最低限量降低到0.9%，且所含转基因成分必须通过安全评价获准上市。同时，如果转基因食品不符合实质等同原则，即使检测不到最终产品中含有转基因成分，也必须对该产品进行标识，但由含转基因成分的饲料饲喂的动物产品，如肉类、蛋类和奶类则不需要标识。

对于每种批准的转基因产品，欧盟都确定一组由字母和数字组成的独特编码，并规定这一编码应标注在含有相应转基因成分的商品上，以保证产品的可追溯性。消费者可根据编码，在相应网站上查询到这种转基因产品的具体品系、研发公司等信息。

（五）研发现状

欧盟在生物技术的研究上起步很早，2013年世界粮食奖授予三位植物转基因技术研究领域的先驱者，其中的一位 Marc Van Montagu 就来自于欧洲国家比利时。欧洲公立的学术机构和研究机构多年来也一直进行农业生物技术的研究，研究领域涉及多种作物以及抗病、抗逆、品质改良、药用蛋白生产等多个方向。2001—2010年的10年间，作为欧盟框架计划的一部分，欧盟投入2亿欧元资助了50个转基因有关的研究项目，有超过400个研究组参与了研究，项目覆盖新性状基因的鉴定开发、转基因对环境和食品安全的影响、检测技术、风险评估与管理等多个方面，并由欧盟委员会公布了项目的总结。基于大量的研究，欧盟委员会对于转基因技术的安全性的结论为“转基因技术与传统育种技术相比本质上并没有更大的风险”。此外，欧洲的研究机构也参与了国际小麦计划、国际大麦基因组测序联盟等多项国际生物技术研究计划。这些公立研究机构更专注于基础水平的研究，而不是产品的开发；在欧盟的生物技术研发中，也有公私合作伙伴关系（PPP）的投资模式。欧盟从2014—2020年，计划以公私合作方式投入37亿欧元用于生物基础领域的研发和创新，其中欧盟的投入为9.75亿欧元，生物基产业联盟（BIC）投入27亿欧元。在这个项目中，生物技术也是重要的研究领域之一。

商业化应用的研发工作主要在几家大型农业生物技术公司进行。但由于转基因作物品系在欧盟的审批周期长、难度大，欧洲主要的大型农业生物技术公司如先正达、拜尔、巴斯夫等在转基因育种的研发方面已经逐渐减少对适合在欧洲种植品系的研发投入，开始更多地关注其他地区的市场。加之欧洲反对者对研发试验田的破坏活动频发，很多公司纷纷将研发部门搬离欧洲。目前唯一在欧盟通过审批并仍在进行商业化种植的作物只有美国孟山都公司研发的MON810玉米。德国生物技术公司巴斯夫的一个用作工业原料的转基因马铃薯品系Amflora虽然在2010年在欧洲通过种植审批，但由于公众的反对，其在欧洲的生物技术领域的投入缺少回报，巴斯夫公司在2012年停止在欧洲的转基因研发和包括Amflora马铃薯在内的转基因产品商业化活动，并随后将其生物技术研发部门搬到了美国。

欧盟成员国涉及生物技术的研究活动如果进行田间试验，无论是新转基因品系的开发，还是仅以转基因为试验手段的基础研究，依照《关于转基因生物有意环境释放的指令》（2001/18/EC），都需要首先取得田间试验目的环境释放批准才可进行。然而，欧盟许多成员国禁止转基因作物的田间试验，严重阻碍了生物技术研究的发展。

即便获得了田间试验的批准，转基因作物的田间试验也常常受到一些民间反对转基因组织的破坏，给科学机构造成很大损失。截至2014年，针对欧洲学术机构或政府研究机构进行的转基因作物试验的破坏事件达80起。2014年，欧洲只有11个国家（包括：比利时、捷克、丹麦、匈牙利、爱尔兰、荷兰、罗马尼亚、斯洛文尼亚、西班牙、瑞典和英国）进行了转基因作物的田间试验。虽然葡萄牙有转基因玉米的商业化种植，但自2010年起就没有以研发为目的的田间试验在葡萄牙批准。在法国和德国，尽管多年前进行了许多转基因植物的田间试验，但由于近年来破坏事件频发，2014年没有进行任何田间试验。一些欧盟科学家为了进行研究，需要寻求与公司合作的途径，在欧盟境外如美国等国家进行田间试验。

此外，如上文所述，欧盟在转基因生物的认定方面，实行“以过程为基础”的模式。近几年一些新的生物技术如定点突变、RNA介导的DNA甲基化以及转基因植物的嫁接等技术可能并不向植物引入外源蛋白质，这些新技术的应用无论对基础研究还是商业化育种的改进都将会有很大帮助。欧盟目前对这类技术如何监管尚不明确，而未来的监管模式也将很大程度地影响未来欧盟植物生物技术研究和育种的发展。

三、>>>

加　拿　大

（一）概　　况

加拿大是六大转基因种植国之一，在1996年就已经商业化了第一个生物技术作物——抗除草剂油菜。因为拥有健全的监管制度，加拿大的食品安全性在全世界名列前茅。加拿大卫生部和加拿大食品监督局主要负责监管植物生物技术产品，从而保护人类、动物和环境的健康，确保产品质量和安全达到国际标准。

据国际农业生物技术应用服务组织（ISAAA）统计，2014年，加拿大的转基因作物种植面积在全球位列第五，为1 160万公顷，比2013年的1 080万公顷增加了7%。主要生物技术作物依然是油菜、玉米和大豆，还有最近新增的少量的甜菜。2014年，加拿大农民种植了更多的转基因油菜（800万公顷，采用率95%）和大豆（约220万公顷），而玉米稍有减少至140万公顷，甜菜面积与2013年持平，大约为15 000公顷。

加拿大是美国、澳大利亚、墨西哥和南非等13国家允许种植复合性状转基因作物的国家之一。

加拿大对转基因产品采取自愿标识，标为非转基因产品的容许意外混杂为5%。

（二）法律法规及管理机构

1. 监管机构职责和相关法律法规（表3-1）

加拿大食品监督局（Canadian Food Inspection Agency，CFIA）、加拿大卫生部（Health Canada，HC）和加拿大环境部

(Environment Canada，EC) 是负责监管和审批生物技术产品的三家机构。这三家机构共同监管新性状植物、新型食品以及所有拥有以前在农业和食品生产中未使用过的新特性的植物或产品。

加拿大渔业及海洋部门正在为通过生物技术获得的水生生物制定法规。至于这些法规何时颁布，目前还没有时间表；与此同时，任何想要利用现代生物技术培育商用鱼类的申请都必须服从1999 年 CEPA 管辖之下的《新物质通知法规》。

表 3-1　监管机构和相关法律法规

部门/机构	管制产品	相关法律	法　规
加拿大食品监督局 (CFIA)	植物和种子（包括拥有新性状的植物和种子）、动物、动物疫苗和生物制剂、化肥、牲畜饲料	《消费者包装和标签法》《饲料法》《化肥法》《食品和药品法》《动物卫生药品法规》《种子法》《植物保护法》	《饲料法规》《化肥法规》《动物卫生法规》《食品和药品法规》
加拿大环境部 (EC)	CEPA 规定的生物技术产品，比如用于生物降解、废物处置、浸矿或提高原油采收率的微生物	《加拿大环境保护法》(Canadian Environmental Protection Act，CEPA)	《新物质通知法规》(这些法规适用于不受其他联邦法律管制的产品)
加拿大卫生部 (HC)	食品、药品、化妆品、医疗器械、有害生物防治产品	《食品和药品法》《加拿大环境保护法》《有害生物防治产品法》	《化妆品法规》《食品和药品法规》《新型食品法规》《医疗器械法规》《新物质通知法规》《有害生物防治产品法规》
加拿大渔业及海洋部	转基因水生生物的潜在环境释放	《渔业法》	正在制定

资料来源：加拿大卫生部、加拿大环境部、加拿大食品监督局、加拿大渔业及海洋部

通过现代生物技术育种方式，作物从研发到上市需要经过长达 13 年的研发和测试时间，花费可高达 1.5 亿美元。公司开发新型作物需要从实验室筛选成千上万棵植株开始，然后将潜在的候选者转移到温室进行性状验证，最后极少部分通过验证可进入

到严格管控的田间试验。CFIA 监控所有 PNT 田间实验，确保它们符合环境安全指南并被隔离，防止花粉传到周边田地。CFIA 同时监督种子来往实验地点的运输情况以及所有收获的植物材料的流动。研发者可以在安全的生长条件下，评估并搜集新型作物的安全数据。如果植株在限制性田间试验阶段仍然有望成功，研发者就可以递交所需的数据给 HC 和 CFIA 用于审批。所有实验和研究，都必须根据优良实验室操作规范（GLP）设计和进行，以确保实验数据的质量和有效性，提高所获得数据的认可度。

加拿大的监管指南说明了哪些数据必须被提交给 CFIA 和 HC。这些指南由政府通过协商讨论制定并定期修订，采纳了世界卫生组织、联合国粮食农业组织以及经合组织等国际组织的建议。根据这些指南，研发者提交在发现阶段及限制性田间实验阶段获得的数据，以供从食品安全性、环境安全性和牲畜饲料安全性这三个方面进行评估。数据必须能表明生物技术未改变作物的安全性、种植方式或者将收获的粮食。

由分子生物学家、毒理学家、营养学家、化学家和微生物学家组成的团队，以世界卫生组织、联合国粮农组织和经合组织推荐的国际标准作为指导，进行综合评估，以确保新型作物的安全性。除开发者提交的资料以外，HC 和 CFIA 的科学家还要审核发表在科学期刊上的独立研究项目。加拿大植保协会成员企业可自愿允许 HC 和 CFIA 公开发布所提交的有关新型生物技术作物品种的信息接受审查。这让加拿大民众可以针对新产品的安全评估提出科学的建议。

2. 监管内容解析

食品安全性

加拿大卫生部会对所有源于生物技术的食品进行全面审查，以证实它们和加拿大已有的食品一样安全、有营养，确保加拿大食品供应链的安全，保护加拿大人民的身体健康。向加拿大卫生部提交关于新型作物的数据的公司，必须提供以下详细资料：

（1）作物被改良前的安全性和组成成分描述，这使得它们的分析可以以未改良作物的特性为基础；

（2）改良食品所用的流程的技术说明；

（3）食品营养成分的详细说明，以衡量它的营养价值是否与未改良作物相同；

（4）证明基因改良过程没有引入毒素的证据；

（5）证明新型食品不含过敏原的证据。

环境安全性

加拿大食品监管局负责进行植物生物技术产品的环境安全性评估。用五条标准确定产品是否会产生如下情况：

（1）变成杂草或入侵自然栖息地；

（2）使新性状转移到其他植物体内，让后者的杂草性或侵略性更强；

（3）变成有害植物；

（4）影响包括人类在内的非靶标生物；

（5）影响生物多样性。

本评估着眼于新型作物对农业和自然环境的影响以及新性状可能转移到其他植物体内的影响。评估这些影响主要依据两套数据。第一套数据提供有关未改良前的原始作物的信息。在进行安全性审查时，CFIA 可用该信息比较改良作物和未改良作物。第二套数据提供关于被审查产品的所有信息。依据该文件，CFIA 可以根据上文列出的五条标准，确定作物的原有特征在改良作物中是否发生改变。它提供的数据和科学信息必须能表明改良作物中没有引入环境风险。该数据是通过实验室实验和分析以及限制性田间实验收集到的。

CFIA 在对新产品进行环境安全性评估时，可以咨询加拿大国内外的相关科学家，或者查询经同行评审的科技文献。

申请者还可能被要求提供一项管理计划，说明如何确保作物被负责任地用于田间种植。该计划可以涉及抗虫性管理和除草剂耐受性管理等内容。

牲畜饲料安全性

该评估着眼于新型作物用作饲料时对牲畜的安全性，所用方法类似于加拿大卫生部评估作物的食用安全性。CFIA 要求申请者提交有关未改良作物以及新型作物的数据，以供他们比较完成评估。需要提供的数据包括分子数据、成分数据、营养数据和毒性数据。CFIA 的科学家将比较改良与未改良作物的数据，研究它们之间的差异。科学家还要研究新型作物对牲畜健康产生不良影响的可能性。

批准

HC 和 CFIA 根据所提交的数据评定完食品安全性、环境安全性和牲畜饲料安全性后，将决定是否批准所审查的作物。在作出允许使用所审查作物的最终决定之前，三个方面的评估必须全部完成。HC 和 CFIA 会密切配合完成各自的评估工作。如果 HC 和 CFIA 认定所审查作物在加拿大种植是安全的，那么加拿大的农民就可以选择在他们的农田里种植该作物。

批准后

HC 和 CFIA 负责进行适当的审查和监控，确保所授权的生物技术作物继续满足质量和安全标准。一旦出现表明生物技术作物对人类健康、环境或牲畜存在威胁的新信息，无论何时，HC 和 CFIA 都将重新评估该作物，确定它是否仍然满足监管标准。

（三）商业化种植（表 3-2）

表 3-2　加拿大转基因作物商业化种植情况

品种	种植面积（截至 2014 年，公顷）
玉米	140 万
大豆	220 万
油菜	800 万
甜菜	1.5 万

加拿大是世界上六大转基因种植国之一。早在 1996 年世界上第一次商业化转基因作物时，它也商业化了抗除草剂的油菜。截至 2014 年，加拿大批准的转基因作物事件数量位居世界第三，共有 155 个。2014 年，加拿大的转基因种植面积为 1 160 万公顷，位居世界第五，比 2013 年的 1 080 万公顷增加了 7%。主要的转基因作物是油菜、玉米、大豆和甜菜，其中抗除草剂油菜是最主要的转基因作物，2014 年种植面积达到 800 万公顷，而转基因大豆的种植面积约为 220 万公顷，转基因玉米的种植面积为 140 万公顷，抗除草剂甜菜的种植面积为 15 000 公顷（ISAAA，2014）。据统计，从 1996 年至 2013 年加拿大农民从转基因油菜、玉米和大豆收入高达 56 亿美元，其中 2013 年为 95 800 万美元（Brooks and Barfoot，2015，Forthcoming）。

油菜

抗除草剂转基因油菜是加拿大种植面积最大的转基因作物。大部分油菜种植集中在马尼托巴省、萨斯喀彻温省和艾伯塔省这些西部省份。加拿大统计局的调查结果显示，过去几年，转基因油菜种植面积在加拿大基本呈持续上升状态，2012 年达到最高值 840 万公顷。据统计，2014 年，全国种植油菜的面积为 840 万公顷，其中转基因油菜的种植面积为 800 万公顷，利用率高达 95%。相比 2013 年 96%的利用率，稍有下降，但总面积比 2013 年的 780 万公顷有所增加。根据粗略估算，将近 85%的加拿大油菜籽、菜籽油和菜籽粕出口到美国、日本、墨西哥和中国等国家，而剩余的 15%供加拿大国内使用。

玉米

转基因玉米的种植面积在加拿大一直稳步增加。2014 年，加拿大种植玉米的总面积为 150 万公顷，其中转基因玉米种植面积为 140 万公顷，利用率达 93%，相比 2013 年 97.6%的利用率稍有下降。

复合性状是转基因作物重要的、不断增长的特点。加拿大是允许种植抗虫抗除草剂双复合形状玉米的九个国家之一。同时加拿大和美国是目前两个允许种植复合抗欧洲玉米螟抗根虫抗除草剂的三复合形状玉米的国家。2014 年，加拿大种植的转基因玉米中，只有 4%玉米含有单 Bt 基因，16%含单抗除草剂（HT）基因，而将近有 80%的玉米是复合 Bt/HT 基因。这说明了双复合和三复合形状的玉米相比单性状玉米的优势。2014 年，加拿大批准了 HT VCO-01981-5 玉米和 HT＋IR Mon 89034×TC1507×NK603×DAS40278 玉米用于种植。

大豆

2011 年 8 月，孟山都公司研制出的 Roundup Ready 大豆成为第一批大面积种植的生物技术作物专利到期产品。2013 年，加拿大的农民们可以开始种植第一批从他们自己的大豆品种培育出的 Roundup Ready 大豆。2014 年生物技术大豆种植面积为 230 万公顷。

过去，魁北克和安大略一直是加拿大的主要大豆种植地区，2007 年占全国大豆总种植面积的 90%以上。马尼托巴省，作为后起之秀，成为大豆种植大省后，魁北克和安大略的合计份额慢慢有所下降。如今，安大略和魁北克共占大豆总种植面积的 69%左右，而相比 2007 年的 8%，马尼托巴省 2013 年所占的份额已上升至 23%。凭借 2014 年 20 万公顷的种植面积，魁北克的生物技术大豆占该省大豆总种植面积的 58%。安大略 2014 年的生物技术大豆种植面积达 756 800 公顷，占该省大豆总种植面积的 62%。2014 年，马尼托巴省的大豆种植面积增加至 526 100 公顷，2013 年是 424 900 公顷。该省 2014 年的生物技术大豆种植面积约为 347 000 公顷，占总种植面积的 66%。

甜菜

2005 年，第一种除草剂耐受型甜菜在美国、澳大利亚、加拿大和菲律宾通过批准。经过四年的试验种植，到 2009 年，艾伯塔省泰伯市的兰蒂克公司已经开始广泛种植这种生物技术品种甜菜。从 1951 年开始，艾伯塔省就是加拿大最大的甜菜种植区域，并且主要集中在泰伯地区。这里还坐落着全国唯一一家甜菜处理工厂。2014 年，艾伯塔的甜菜种植面积约达 1 万公顷。

2014 年，2008 年批准商业化的 RR® 甜菜开始在加拿大种植。据估计，2014 年加拿大种植的甜菜中大约有 96%（15 000 公顷）的甜菜是 RR® 甜菜。

(四) 转基因标识

若与食品安全性有关的如过敏性、食品组成和食品营养成分发生了变化，则该食品需进行特殊的标识。

自愿（一旦选择标识，要按照一定标准执行）

不标

标 GMO（>5%）

标非 GMO（<5%）

定量（5%，95%）《标识标准》

2004 年，加拿大标准委员会将《转基因和非转基因食品自愿标识和广告标准》作为加拿大的国家标准。该自愿性标准是应加拿大杂货分销商理事会的请求，在加拿大通用标准委员会（CGSB）的组织下，由多方利益相关者委员会从 1999 年 11 月开始制订的。多方利益相关者委员会包括 53 名有投票权会员和 75 名没有投票权会员，他们来自生产商、制造商、分销商、消费者和一般利益群体及 6 个联邦政府部门，包括加拿大农业及农业食品部（AAFC）、加拿大卫生部和食品检验局（CFIA）。

制订《转基因和非转基因食品自愿标识和广告标准》，可为消费者作出明智的食品选择提供统一的信息，同时为食品公司、制造商和进口商提供标识和广告指导。该标准提供的转基因食品定义是：通过使用能让基因从一个物种转移到另一个物种中的特定技术获得的食品。该标准中给出的规定包括：

- 准许食品标签和广告词涉及使用或未使用转基因的信息，但前提是声称必须真实、无误导性、无欺骗性、不会给食品的品质、价值、成分、优点或安全性造成错误印象，并且符合《食品和药品法》《食品和药品法规》《消费者包装和标签法》《消费者包装和标签法规》《竞争法》和任何其他相关法律法规以及《食品标签与广告指南》中规定的所有其他监管要求。

- 该标准并非意味着其涵盖的产品存在健康或安全隐患。
- 一旦在标签上声称非转基因，就代表转基因和非转基因食品意外混杂的水平在5%以下。
- 该标准适用于食品的自愿标识和广告，目的是明确这类食品是转基因产品，还是含或不含转基因成分，无论食品或成分是否含DNA或蛋白质。
- 该标准定义了相关术语，列明了索赔、评估和鉴定的标准范围。
- 该标准适用于销售给加拿大消费者的食品，无论它是在国内生产还是进口的。
- 该标准适用于以包装或散装形式销售的食品以及在销售点准备的食品的标识和广告。
- 该标准不排除、推翻或以任何方式改变法律要求的信息、声明、标签或任何其他相关的法律要求。
- 该标准不适用于加工辅料、少量使用的酶制剂、微生物基质、兽用生物制品及动物饲料。

尽管标准已制定并实施，但加拿大的一些团体要求强制性标识转基因食品的呼声并未停歇。过去几年，众议院收到多项下院议员提出的要求强制性标识含生物技术成分的食品的议案，但到目前为止还没有通过。

（五）研发现状

苹果

CFIA收到加拿大奥卡诺根（Okanagan）特色水果公司的申

请，该公司希望CFIA批准其不褐变的转基因苹果GD743和GS784被无限制环境释放，用于商业种植目的、饲用以及食用。根据该公司官网上发布的信息，不褐变效应是通过基因工程技术抑制多酚氧化酶的活性实现的，并未引入外来基因，因而切片或受磕碰后相对传统苹果不易变成褐色。除这一特点外，该苹果与其他苹果并无任何不同。一旦批准，它们将以“北极苹果”为名上市。目前，该申请仍在接受CFIA的审批。

2010年年末，奥卡诺根公司向美国农业部（USDA）动植物卫生检验局（APHIS）提交了不褐变苹果的风险评估申请，历经5年的申请，最后于2015年2月13日获得美国农业部核准，得以在当地上市。

小麦

加拿大是主要的小麦生产国。小麦作物可以使加拿大产生110亿美元的经济效益。但是加拿大小麦经常受到气候条件和病虫害的影响，以致对高产量和适应性强的小麦品种的需求日益增加。自2002年始，孟山都一致寻求监管机构批准其Round-up Ready（RR）小麦，加拿大的转基因小麦问题变得具有决定性意义。部分生产者坚信种植RR小麦的益处，支持监管机构批准，还有一部分生产者担心批准RR小麦商业化会让加拿大农民丧失国际市场，担心消费者不接受转基因小麦导致加拿大小麦种植者丧失市场，这些担心一直是阻碍加拿大农民支持生物技术小麦的主要原因。到目前为止，加拿大监管机构还未批准任何转基因小麦。

生物技术小麦的未来发展不乏反对者。在微量转基因亚麻导致加拿大与欧盟的贸易中断后，加拿大生产者开始变得分外谨慎。所以当涉及转基因小麦时，加拿大生产者表示这需要联合美国促使转基因小麦种子在整个北美都被批准使用。虽然因为加拿大的批准程序比美国更复杂，加上加拿大制造商对污染的担忧，导致转基因小麦发展缓慢，但越来越多的利基市场和加拿大生物燃料行业的发展可以促进转基因小麦的发展。

苜蓿

孟山都加拿大公司与牧草遗传国际有限公司（Forage Genetics International）联合开发出用于商业化生产牲畜饲料的Roundup Ready®苜蓿。2005年，Roundup Ready®苜蓿通过了CFIA和HC进行的牲畜饲料、环境及食品安全性评估。从2005年开始，CFIA持续不断审查新出现的科学结论，最终认定，Roundup Ready®苜蓿和传统苜蓿一样安全。

2013年，牧草遗传国际有限公司的全资子公司金牌种子公司（Gold Medal Seeds），向CFIA提交了Roundup Ready®苜蓿品种登记申请。CFIA审核该申请后，于2013年4月26日予以批准。品种登记使得Roundup Ready®苜蓿种子获得在加拿大市场销售的机会。然而，根据某些新闻消息，Roundup Ready®苜蓿目前在加拿大未能购买到。

紫番茄

由英国John Innes Centre（JIC）科学家研发的转基因紫番茄在加拿大安大略有了收成并用于未来的研究，同时试图吸引私人投资者。从约465米^{2}的玻璃房里收获的转基因番茄可以生产2 000升的紫番茄汁。这些材料用于未来新的研究和行业协作，并开启了监管机构商业化果汁的审批进程。这种紫番茄含有丰富的花青素，具有抗炎和减缓小鼠软组织癌变的功效，并可同时延长两倍西红柿的开始腐变时间（Crop Biotech Update，29th Jan 2014）。

四、>>>

巴　西

(一) 概　况

作为全球第二大转基因作物种植国，巴西的转基因作物种植面积在 2014 年达到了 4 220 万公顷，仅次于美国（7 310 万公顷）。尤其是最近 5 年，巴西成为全球转基因作物的增长引擎，并在未来有望缩小与美国的差距，这得益于其快速高效的审批制度。

根据 ISAAA 统计，在 2014 作物季，巴西种植了 2 910 万公顷转基因大豆，占所有大豆种植面积的 93.2%；1 250 万公顷转基因玉米，占总玉米种植面积的 82.4%；60 万公顷转基因棉花，站棉花总种植面积的 65.1%。值得注意的是，2014 年巴西连续第二年种植了抗虫、抗除草剂复合性状大豆，种植面积 520 万公顷，比 2013 年的 220 万公顷大大增加。此外，年预算为 10 亿美元的巴西农业研究组织——巴西农科院（EMBRAPA）已经获批在 2016 年商业化种植本国产的转基因抗病毒豆类，而其通过公私合作与巴斯夫（BASF）开发的抗除草剂大豆在 2016 年商业化前需要等待欧洲的进口审批。

此外，转基因作物的广泛种植，对巴西的粮食产量贡献巨大。1991 年，巴西的谷物和油料作物总产量是 6 000 万吨，到 2013/14 作物季，总产量达到 1.93 亿吨，增长 221%。同期，种植面积增长了 48%，从 1991 年的 3 850 万公顷增长到 5 700 万公顷。

(二) 法律法规及管理机构

巴西是目前仅次于美国的世界第二大豆生产国和出口国，也是向我国出口转基因大豆的主要国家之一。近年来巴西国内转基因作物发展迅猛，种植面积跃居全球第二。伴随着转基因生物技术的发展，巴西政府在转基因管理的法规建设上也取得了长足的进步。

1. 法规框架

巴西在2005年之前，由于议会对种植转基因问题有争议，没有立法也没有批准转基因作物合法种植。2005年3月24日，巴西总统签署了新的生物安全法。按照新法规，在巴西境内从事转基因生物及其产品的研究、试验、生产、加工、运输、储藏、经营、进出口活动都应当遵守法规的规定。

新的生物安全法中，对违法行为的处罚十分严厉，分为行政处罚和刑事处罚两种。

行政处罚。行政处罚包括警告、罚款、没收GMO及其产品、中止注册和许可、部分或全部取消机构、取消或限制税务优惠和国家给予的奖励等12种。

有关单位如发生GMO及其产品扩散故事时，应在5天内向CTNBIO、卫生部、农业部、环保局社团及所有雇用人员报告可能发生的危险以及发生事故时应采取的措施。对环境破坏的责任人及第三方应付整体和部分责任，对行为损失进行赔偿。如果违法行为为犯罪或误报，对联邦政府和消费者造成损失的，监管部门应与有关部门联合调查量刑处罚。

刑事处罚。生物安全法规定，如果将GMO释放到环境，违反CTNBIO、注册及监管机构制定的标准，处以1～4年的监禁并进行罚款。

2. 法规的实施

巴西转基因生物安全管理机构包括国家生物安全理事会、国家生物安全技术委员会、政府相关部门等，新法规对其构成、职责、任务和运转机制做出了明确的确定。

（1）国家生物安全理事会。

国家生物安全埋事会（CNBS）隶属于共和国总统办公室，

制定和实施国家生物安全政策（PNB）。CNBS共11人，由共和国总统公民议会首席长官任主席，农业部、科技部、卫生部、环保局、工业发展与对外贸易部、外交部等9部门的部长和总统办公室水产养殖和渔业特别大臣为成员。CNBS下设立秘书处，负责日常事务。

CNBS的职责：①在国家层面上制定法规和指南。②应国家转基因生物安全委员会的要求，分析转基因生物及产品商品应用的社会经济效益、机遇和国家利益。③负责决定是否批准转基因生物及产品商品化应用。

(2) 国家生物安全技术委员会。

国家生物安全技术委员会（CTNBIO）为咨询审议综合性团体，隶属于科技部，主要为联邦政府制定和实施国家转基因生物安全政策提供技术支持，在评价转基因生物及其产品对动植物健康、人类健康，环境风险的基础上，建立关于批准转基因生物和产品研究和商业化应用的安全技术准则。同时，CTNBIO还要追踪生物安全，生物技术，生物伦理学以及相关领域的发展和科技进展，以增加保护人类、动物植物健康、环境的能力。

(3) 政府相关部门。

在农业部、卫生部、环境部、总统办公室水产养殖和渔业特别秘书处下属的行政管理及监测机构应与CTNBIO技术观点、CNBS规则及法律法规提供的机制保持一致，负有以下责任：①检验从事GMO的研究性活动；②检测和管理用于商品化生产的GMO及其产品；③批准进口用作商品的GMO及其产品；④及时在生物信息系统（SIB）刊登最新开展GMO及其产品活动和项目机构和个人的信息；⑤向公众提供注册和批准的信息；⑥加强法律惩罚力度；⑦辅助CTNBIO制定生物安全评价参数。

转基因生物及产品在CTNBIO或CNBS经过安全评价做出批准决定以后，政府相关部门负责其职责范围内的管理工作。农业部负责用于动物、农业生产及相关领域的转基因生物及其产品的注册、审批和监控。

(4) 研发单位内部生物安全委员会（CIBIO）。

任何使用基因工程技术的机构以及开展转基因生物及产品研究的单位，都应建立 CIBIO 并指派一个主管技术员，负责相应的安全管理工作。

(5) 生物安全信息系统（SIB）。

国家建立生物安全信息发布制度，系统发布与 GMO 及其产品相关的分析、批准、注册、监控、调查活动的信息。有关转基因生物安全的审批、注册和监控机构应在其能力许可范围内为 SIB 提供 GMO 相关活动信息。

3. 新拟的法规

(1) 新的临时法律。

巴西参议院 2004 年 12 月 21 日批准允许 2004/2005 年度种植转基因大豆的第 223 号临时法令后，巴西总统于 2005 年 1 月 12 日签署法令，并于 13 日刊登在官方公报上，以 11.092 号法律公布正式生效。法律放宽了临时法令规定的转基因大豆的销售期限，允许该年度生产的大豆产品销售截止期由 2006 年 1 月再延长 180 天。

(2) 关于孟山都公司征收专利使用费的规定。

在孟山都公司能提供该公司独家出品的转基因抗农达大豆种子的销售发票的情况下，可以向使用者收取专利权使用费。据称，巴西 2005/2006 年转基因大豆种子销售步伐缓慢，至 2006 年 7 月底，已销售的转基因大豆种子不足预期总销量的 10%，而去年同期达到 90%。主要因为种植户流动资金不足，以及孟山都公司征收转基因种子的专利使用费。

(3) 2005 年 11 月转基因生物安全第 5.591 号法令。

(4) 国家生物安全理事会决议。

2008 年 1 月第一项决议；2008 年 3 月第二项决议；2008 年 3 月第三项决议；2008 年 7 月第四项决议。

国家生物安全技术委员会标准决议：2006 年 7 月第一项标

准决议；2006年11月第二项标准决议；2007年8月第三项标准决议；2007年8月第四项标准决议；2008年3月第五项标准决议；2008年第六项标准决议。

4. 安全管理

卫生部，负责登记和审批转基因生物及其产品的人类药物、家庭清洁以及相关领域中的产品和活动，并进行监管。

农业牛养殖与食品供给部，负责登记和审批种植业、畜牧业、农业型工业以及相关领域中的转基因生物及其产品和活动，并进行监管。

环境部，负责登记和审批释放到自然生态系统的转基因生物及其产品，并进行监管。

水产渔业特别秘书处，负责登记和审批渔业水产业转基因生物及其产品，并进行监管。对发生事故进行报告和通知。开展遗传工程相关的研究和项目时，当GMO及其副产品发生扩散事故，内部生物安全小组应及时通知国家生物安全技术委员会、卫生部、农业畜牧与食品供给部、环境部，并采取必要的方法通知国家生物安全技术委员会、卫生部、农业畜牧与食品供给部、环境部和社团及所有雇用人员可能发生的危险和应采取的措施。内部生物安全小组对事故进行调查，在发生事故5天内如实报告给国家生物安全技术委员会。

国家生物安全技术委员会（CTNBIO），由现职成员及其代理人组成，由科技部任命，由27名具有博士学位巴西公民组成，其中12人为具有丰富科技知识的专家，其中人类卫生领域、动物健康领域、植物健康领域和环境领域各3人。27名现职成员每一名都应有1个代理人，以便现职人员缺席时由代理人参加。CTNBIO会议可以有14个人参加时举行，至少包括上面提到的4个领域中，每个领域一人。科技部、农业牛养殖与食品供给部、卫生部、环境部、土地开发部、发展工业与对外贸易部、对外事务部、国防部、共和国总统水产养殖和渔业特殊秘书处各部门委派1名代表，共计9名代表；司法部委派1名消费者权益专家作为代表，卫生部委派1名健康专家作为代表，环境部委派1名环境专家作为代表，农业牛养殖与食品供给部委派1名生物技术专家，土地开发部委派1名农场分配专家，劳动就业部委派1名工作（职业）健康专家，共计6名专家。其为咨询审议综合性团体，统一负责转基因生物及其产品试验和商业化应用的风险评估，为研究、风险分析等活动制定的相关规定和指南。为内部生物安全小组建立运行机制。

同时国家生物安全技术委员会负有部分审批职能，具体负责批准转基因生物及其产品的研究试验和用于研究的转基因生物的进口。

CTNBIO的具体运行应按法规要求进行。CTNBIO应设立一个执行秘书处，科技部长有责任为其提供技术和行政支持。CTNBIO应在人类、动植物健康以及环境领域建立长久性机构分委员会，建立特殊分委员会开展项目（主题）前期分析，并提交给全体委员会。

委员有投票的权利，一人一票，效力相同。CTNBIO成员应履行他们的职责，严格遵守职业道德。现职及代表成员应参加部门分委员会，有责任接收将分析的分委员会会议记录。

法律规定CTNBIO应设立一个执行秘书处，科技部长有责任为其提供技术和行政支持。

（三）商业化情况

1. 商业化种植品种（表4-1）

表4-1　巴西转基因作物商业化种植情况

品种	种植面积（截至2014年，公顷）
大豆	2 910万
玉米	1 250万
棉花	800万

2014 年巴西的转基因作物种植面积达到了 4 220 万公顷，仅次于美国，在全球转基因作物种植国中排名第二。最近五年巴西成为全球转基因作物的增长引擎，未来有望缩小与美国的差距。快速高效的审批制度使得巴西能够快速进行转基因品种审批。2014 年巴西连续第二年种植了抗虫、抗除草剂复合性状大豆，种植面积为 520 万公顷，比 2013 年的 220 万公顷大大增加。值得注意的是，年预算为 10 亿美元的巴西农业研究组织——巴西农科院（EMBRAPA）已经获批在 2016 年商业化种植本国产的转基因抗病毒豆类，而其通过公私合作与巴斯夫（BASF）开发的抗除草剂大豆在 2016 年商业化前需要等待欧洲的进口审批。根据美国农业部的数据统计，截止到 2014 年 7 月，CTNBIO 已经批准了 38 个转基因品种的商业应用，其中 20 个玉米品种，12 个棉花品种，5 个大豆品种，1 个干豆品种。在所有批准的转基因品种中，抗除草剂性状的作物种植面积占所有种植面积的 65%，其次是抗虫性状的作物，约占总种植面积的 19%，复合性状的作物占总种植面积的 16%。

2. 商业化种植历程（表 4-2）

表 4-2　巴西转基因作物商业化种植历程

时　间	获批种植品种
1998 年	第一个抗草甘膦大豆品种获批种植
2007 年	3 个转基因玉米品种得到许可
2008 年	3 个玉米品种，2 个棉花品种
2009 年	1 个大豆，5 个玉米，3 个棉花品种
2010 年	3 个大豆，4 个玉米，1 个棉花品种
2011/2012 年	3 个玉米，5 个棉花，1 个大豆品种

1998 年，商品名为“Roundup Ready”的抗草甘膦大豆成为第一个获批的品种。1998 年至 2005 年，在新《生物安全法》

实施之前，只有“Boll Gard”（“保铃棉”）Bt 抗虫棉品种释放。依据新的法规，2007 年首批 3 个转基因玉米品种得到许可。2008 年，5 个转基因品种获准释放，包括 3 个玉米品种和 2 个棉花品种。2009 年，9 个转基因作物品种获授权商业化应用，包括 1 个大豆品种、5 个玉米品种和 3 个棉花品种。2010 年，8 个新品种获批，包括 3 个大豆品种、4 个玉米品种和 1 个棉花品种。在接下来的 2 年（2011 和 2012）里，9 个转基因作物新品种获批，包括 3 个玉米品种和 5 个棉花品种及 1 个大豆品种。1998 年以来，CTNBIO 释放的 37 个转基因作物品种中，有 32 个是近 7 年释放的。

（四）转基因标识

所有含转基因成分的食品均被要求强制性标识。

巴西有关转基因生物商业应用的重要法规还有第 8078 号法（1990 年 9 月 11 日通过），这一法令由第 4680 号法细化，该法规赋予国内所有消费者知情权。

在 2003 年，巴西司法部依据该条款发布了《第 2658 号行政条例》，建立了食品标识体系，规定人体食用或饲料用食品或食品成分若含有超过 1%的转基因生物或其副产品，必须在商标上注明相关信息，并附上“转基因”标志（正中间含有字母 T 的黄色三角形）。主要内容包括：

（1）转基因含量超过 1%时，就需在产品上予以标注，不再执行过去的“只有产品内的转基因含量超 4%时才进行标识”的规定；

（2）标识法规适合于所有包装的、散装的和冷冻的食品（旧法规仅限于包装食品）；

（3）标识法规还适合于以转基因产品作为饲料的动物源性食品，旧法规没有这方面的规定；

（4）对 113 号临时措施提到的“可以销售到 2004 年 1 月 31 日的转基因大豆”，规定其不管转基因的含量多少，都要加以表示注明。

（五）研发现状

巴西从事转基因作物研发的有公共机构、私营机构、国内企业、外国公司，他们开发出的转基因作物因农艺性状优良，使得该农产品的价值有所提升。巴西种植的转基因作物大多是大豆、玉米和棉花，都属于第一代转基因作物，即具有抗虫和/或抗除草剂的特点。

与其他国家相似的是，巴西转基因作物的商业生产中占份额最大的是孟山都、杜邦先锋、拜耳、陶氏之类的私营企业。然而，本土研究团体指导怎样挖掘感兴趣的基因和新型遗传工程策略中的“观念论证”，在密闭条件和大田条件下进行检验，然后将研发产品推入市场。巴西的研究所、大学和巴西农业研究组织——巴西农科院（EMBRAPA）已经开发出了多种具有不同形状的转基因作物。EMBRAPA 开发并发布了巴西第一个具有金色花叶病毒抗性的转基因菜豆（*Phaseolus Vulgaris*）品种；此外，EMBRAPA 与德国 BASF 公司合资，培育和释放了抗除草剂大豆新品种。该品种具有咪唑啉酮类除草剂抗性，将在 2014/2015 种植季投入销售，商品名为“Cultivance”。

除了大豆、玉米和棉花之外，在巴西还有许多其他转基因作物进入研发后期，正在进行田间实验。水稻、西番莲、桉树、豇豆和甘蔗等都是进入大田试验阶段的物种，他们被测试的性状分别是高产、抗旱、抗真菌、油品质量和木材密度。

五、

阿 根 廷

（一）概　况

1. 种植概况

自 1996 年首次批准转基因大豆产业化种植以来，阿根廷转基因作物的种植面积由 1996 年的 3.7 万公顷增长到 2014 年的2 430 万公顷，增长了近 657 倍，仅次于美国、巴西，成为世界上第三大转基因作物种植国，占全球转基因作物种植面积的 13％ 。

2. 监管概况

在法律层面，经过近 20 年的发展，阿根廷已经形成了比较完整的转基因作物产业化法律监管体系。总体而言，监管体现了一个合理的防范水平，并且以广大公众的期望和主管当局的要求为基础。风险评估基于科学，来自学术界的科学家的早期参与被证明是制定一套健全的监管框架和决策流程的关键所在。

3. 转基因作物之所以能在阿根廷快速、有效、成功采用的原因分析

这是该国各种复杂情况的综合结果。

（1）经济因素：农产品价格高起（尤其是 20 世纪 90 年代后期）给了种子和粮食生产商强大的推动力；

（2）农民渴望采取创新技术并快速实现其优势；首批两种转基因作物（耐除草剂大豆和抗鳞翅目害虫玉米）能够解决成本效益、操作简便等当前问题，并能减少各种各样价格昂贵且毒性很强的化学品的使用；

（3）经过一段时间向更开放的市场经济的深入转变，获得了

农业官员的政治支持；

（4）早期实施有效监管；

（5）监管有力，它确保了以一种负责任的态度对这门新技术进行行政管理。

4. 民众对转基因的态度

（1）种子和农用化学品行业，以及农民组织（尤其是免耕农民协会 AAPRESID——www. aapresid. org）坚决拥护这门新技术；

（2）所有这些活动的发生均未给媒体造成任何重大影响，亦未受到过媒体的任何重大影响：只有仅限于报纸上的农场版面的正面新闻，以及简短而有争议的特邀观众电视采访；

（3）有机生产者发表了几篇批判文章，大多数被广大公众所忽略；

（4）该国活动的环保非政府组织（NGO）或消费者协会也只是偶尔反对转基因作物制成的食品（要求标识），只在几个大型超市开展过声势浩大的活动。

（二）法律法规及管理机构

1. 法规框架

阿根廷政府在对转基因生物管理的立法上主要由阿根廷农牧渔业食品国务秘书生物技术办公室和阿根廷全国农业生物技术咨询委员会具体负责实施。其具体实施的法规主要有：

（1）第 6704/66 号农业生产卫生防护法令-法及其修正案；

（2）第 20247/73 号种子及源于植物的创造物的全国法；

（3）第 13636/49 号兽医产品及其生产与商品化法及实施指南。南锥体共同市场第 325/94 号决议关于兽医产品的框架。

2. 法规实施

阿根廷根据政府机构的设置，遵照上述法规对转基因生物实施具体管理。其中全国农生物技术咨询委员会具体负责农业转基因生物生态环境释放的评估；SENASA 负责转基因食品的安全性评估；DNM 负责转基因产品进出口市场的风险性评估和转基因产品对农产品出口的影响 。

3. 转基因监管

（1）法律监管的依据。

在阿根廷，目前并没有转基因作物产业化监管的专门立法，转基因作物产业化监管的法律体系主要包括法案、决议和条例三个层次，法律内容包括监管的主体、机构、管辖范围、内容和程序等。详见表 5-1。

表 5-1　转基因生物监管的法律依据

SAGPyA 法案，决议或条例	内　容
第 124/91 号决议	成立国家农业生物技术咨询委员会（CONABIA） 确定 CONABIA 的管辖范围和程序
第 656/92、837/93、289/97 号决议	
第 328/97 号决议	规定 CONABIA 的成员资格
18284 法案	阿根廷食品法典
1585/96 条例	成立全国农产品健康和质量行政部（SENASA）并确定其管辖权
4238 条例	肉类检验准则
815/99 条例	食品控制系统
第 289/97 号决议	确定 SENASA 对转基因食品的管辖权限
511/98 号决议及其附件	建立食品安全准则（审查标准）
第 1265/99 号决议	建立 SENASA 技术咨询委员会（TAC）
第 289/97 号决议	规定国家农产品市场管理局（DNMA）的审查在转基因作物产业化前进行
第 131/98 号决议	规定生产性试验的授权条件

（2）法律监管的管理机构。

农畜渔食秘书处（the Secretariat of Agriculture，Livestock，Fisheries，and Food，以下简称 SAGPyA）是阿根廷生

物技术及其产品的主管部门，也是转基因作物产业化的最终决策机构，其下设国家农业生物技术咨询委员会（The National Advisory Commission on Agricultural Biotechnology，以下简称CONABIA）、全国农产品健康和质量行政部（The National Agrifood Health and Quality Service，以下简称SENASA）和国家种子研究所（The National Institute of Seeds，以下简称INASE）三个机构。此外，外部机构——国家农产品市场管理局（National Directorate of Agrifood Markets，以下简称DNMA）和国家生物技术与健康咨询委员会（National Advisory Committee for Biotechnology and Health，以下简CONBYSA）也参与转基因作物产业化的监管。

国家农业生物技术咨询委员会（CONABIA）：是一个多学科跨部门咨询机构，成立于1991年，主要负责转基因生物环境风险评估。其主要职责包括转基因生物实验室试验、温室试验、田间试验以及环境释放的审查，并为SAGPyA的决策提供建议。虽然上述决议规定CONABIA仅能对涉及植物转基因生物和以兽用为目的的生物技术产品的活动提供咨询或进行评估，但许多进行其他经营或研究的公司和研究人员仍向其咨询。而该委员会一般也会进行非正式的讨论，并给申请人提供咨询意见和建议。SAGPyA第328/97号决议规定了CONABIA的成员资格。CONABIA的成员来自不同的部门和行业，包括政府机构、私营企业、行业协会和学术团体等，他们在农学、分子生物学、生态学、植物病理学、生物化学等众多相关领域具备专业技能，具有非常广泛的代表性（详见表5-2）和极强的专业性。

表5-2 参与CONABIA的机构

公共部门	私人部门
农业、畜牧业、渔业和食品秘书处农业局（SAGPyA）	阿根廷种子种植者协会（ASA）
国家农业食品卫生和质量行政部（SENASA）	阿根廷兽药产品制造商商会（CAPROVE）
国家农业技术研究所（INTA）	

（续）

公共部门	私人部门
国家种子研究所（INASE）	阿根廷植物卫生和肥料产品制造商商会（CASAFE）
国家科学技术研究理事会（CONICET）	阿根廷生物技术论坛（FAB）
阿根廷生态学学会	
布宜诺斯艾利斯大学	

全国农产品健康和质量行政部（SENASA）负责食品安全和质量、动物健康产品和农药的监管。为了使 SENASA 的决策更具科学性，根据 SAGPyA 第 1265/99 条例成立了转基因生物利用技术咨询委员会（简称 TAC）。TAC 是 SENASA 的一个外部、多学科咨询机构，它的成立增加了评估的专业性，同时也提高了食品安全审查的效率。如表 5-3 所示，TAC 是一个具有广泛代表性的机构，它的成员既有公共部门的代表，如 SENASA 农业食品质量管理局 、SAGPyA 粮食和农业分管局、布宜诺斯艾利斯大学农学系和国家食品研究所等；也有私人部门的代表，如阿根廷种子种植者协会（ASA）、阿根廷农业联合会、食品工业协调会和阿根廷农村联合会等。此外，SENASA 还负责动植物检疫法规的实施。转基因生物在进口前，申请人必须向 CONABIA 提交申请，CONABIA 在审批进口申请时，SENASA 须为进口单位的转基因生物材料提供一个安全的临时性存放场所，负责材料的临时保管。

表 5-3　技术咨询委员会（TAC）的成员组成

公共部门	私人部门
SENASA 农业食品质量管理局	阿根廷种子种植者协会（ASA）
SAGPyA 粮食和农业分管局	阿根廷农业联合会（小规模农民）
布宜诺斯艾利斯大学农学系	食品工业协调会
布宜诺斯艾利斯大学药剂和生物化学系	阿根廷农村联合会
国家食品研究所	农业内部合作联合会（中等规模农户）

（续）

公共部门	私人部门
国家科学和技术研究理事会	阿根廷农村协会（大规模农民）
国家药品研究所	消费者行动联盟
国家食品理事会	阿根廷（食品）石油工业商会

国家种子研究所（INASE）：在转基因作物产业化后期发挥作用，主要负责种子的登记工作。根据品种的不同，转基因新品种的注册登记必须在不同的地点进行两至三年的田间对比试验，它们和杂交种等非转基因品种的登记程序是一样的，但是，基于登记的需要，转基因作物的田间试验必须在通过环境安全评估后按照 CONABIA 规定的条件进行，并且可能重复一次。对比试验完成后，TAC 将对试验的结果进行审查，并作出一个该品种是否构成新品种的决定。最终，在该品种获得商业化授权后由 INASE 进行登记注册。

国家农产品市场管理局（DNMA）：虽然不是 SAGPyA 的组成机构，但在转基因作物产业化中也起着非常重要的作用。它主要负责评估转基因作物的产业化对阿根廷国际贸易可能产生的影响，下属市场管理局（Directorate of Markets）和国际事务管理局（Directorate of International Affairs）两个部门，前者负责通过 CONABIA 环境生物安全审批和 SENASA 食品生物安全审批之后的市场来源审查，后者主要处理与转基因国际贸易相关的事务。

国家生物技术与健康咨询委员会（CONBYSA）：根据卫生部第 413/93 号决议，阿根廷成立了国家生物技术与健康咨询委员会（CONBYSA）。委员会共有十二名成员，均为化学、生物学等方面的专家，他们是公共部门和私人部门的代表。十二名成员中有四名来自卫生部，四名来自行业组织——阿根廷生物技术论坛，另四名来自其他部门。卫生部的一个隶属机构——国家药品、食品和医疗技术管理局（National Administration of Drugs, Food and Medical Technologies，以下简称ANMAT），负责管理通过生物技术方法生产的药品和其他人体健康相关的产品，包括转基因产品，而CONBYSA为ANMAT提供支撑。

4. 法律监管程序

（1）环境释放的监管。

实验研究是指在实验室控制系统内进行的基因操作和转基因生物研究工作。根据阿根廷转基因生物安全相关法律的规定，科研机构进行实验研究并不必然要得到CONABIA的许可，只须向CONABIA报告其研究的类型即可。因为，实验研究分为基础性研究和应用型研究两大类，然而，要区分这两种类型并非易事；同时，即使是应用型研究，其产业化运用的前景也存在很大的不确定性，实验研究的批准并不意味着环境释放、生产性试验的批准，更不意味着产业化必然得到授权，因此，在实验研究前进行审查既繁琐也无必要。然而，大多数公司和公共研究机构在进行此类研究前仍习惯于向CONABIA提出申请，CONABIA也会进行审查，并提出一些具体的建议、规定进行实验应具备的条件和遵守的规则。科研单位在实施实验研究过程中必须遵守这些生物安全准则，否则CONABIA将进行干预。

（2）生产性试验和产业化种植批准的监管。

进行充分的田间试验后，试验单位便可向CONABIA申请实施生产性试验（Flexibilization），即在生产和应用前进行的较大规模的试验。生产性试验审批主要包括转基因作物的环境风险评估及食品安全评价两项内容。环境风险评估主要对转基因作物变成杂草的可能性、转基因作物与其他非转基因作物或转基因作物相互之间杂交的可能性、转基因植物的遗传物质向其他动植物和微生物发生转移的可能性、转基因植物的遗传稳定性、转基因植物对生态环境的有害作用和对人类健康的不良影响等五项内容进行评估。转基因食品安全的审查主要由SENASA完成，根据

511/98号决议，具体由SENASA内设的技术咨询委员会（TAC）负责，主要评估转基因食品的如下性状：转基因产品的天然毒性及其毒性的新形式，转基因产品营养成分的变化，转基因产品对环境、生物多样性的影响，转基因产品对人类和动物健康可能产生的影响等。通过以上两种形式的评估后，申请人即可进行相应的生产性试验。

在进行食品安全审查的同时，国家农产品市场管理局（DNMA）将对转基因作物产业化进行市场分析，该分析主要考察评估转基因作物产业化对阿根廷国际贸易可能产生的影响。评价的主要内容包括：该作物（未进行基因改造之前）过去3年在阿根廷国际贸易中的地位；目前在各出口国中所占的市场份额；各国相关产品的出口与阿根廷的出口存在何种相关性；该转基因作物产业化后相关产品在阿根廷市场中所占份额可能发生的变化；转基因产品进口国的法律和管理规则及其国内消费者对转基因产品的接受程度和消费意愿等。

阿根廷对转基因作物的产业化规定了较为严格的审批条件和程序，一种转基因作物要想获得产业化的批准，至少必须满足四个条件：①通CONABIA的环境风险评估，获得环境释放和生产性试验许可；②符合SENASA关于食品安全评估的规定，基因作物生产的产品被证明是安全的；③经DNMA的市场分析，得出该转基因作物的产业化将对阿根廷国际贸易产生利大于弊影响的预期；④获得SAGPYA的最终批准后，在INASE进行了新品种登记。

（三）商业化情况

阿根廷是世界上的六大转基因种植国家之一，在全球转基因作物商业化的第一年1996年就商业化了RR大豆和Bt棉花。阿根廷持续13年排名全球转基因作物种植面积的第二名，到2009年被巴西追上降为第三名。到2014年阿根廷批准种植了37种转基因作物。值得注意的是 2014 年新批准种植了 7 种转基因作物。

2014 年阿根廷总的转基因种植面积约为 2 430 万公顷，和 2013 年的 2 440 万公顷的种植面积基本持平。仅次于美国、巴西，位居世界上第三大转基因作物种植国，占全球转基因作物种植面积的 13％ 。2014 年 2 430 万公顷的种植面积中包括 2 080 万公顷的转基因大豆，300 万公顷的转基因玉米和 50 万公顷的转基因棉花。农民种植大豆代替玉米的原因是大豆的市场价格较高、管理容易且成本低。Brooks 和 Barfoot 的分析报告指出 1996—2013 年转基因作物给阿根廷带来的效益高达 175 亿美元。

1996 年阿根廷成功引入第一例转基因作物——抗除草剂（草甘膦）大豆，到 2010 年 15 年间的转基因技术的应用过程中，阿根廷累积总收益达到了 726.5 亿美元，其中，抗除草剂大豆的经济效益达 654.35 亿美元，抗虫或（和）抗除草剂玉米（单个性状的转基因作物和两个性状叠加的转基因作物）的经济效益达 53.8 亿美元，抗虫（或/和）抗除草剂棉花（单个性状的转基因作物和两个性状叠加的转基因作物）收益为 18.3 亿美元。

除了上述收益外，1996—2010 年，阿根廷种植转基因大豆为消费者节省开支累积总额约为 890 亿美元，加上阿根廷累积总收益 650 亿美元，阿根廷抗除草剂大豆总收益约为 1 540 亿美元。评估数据表明如果没有采用转基因技术，2011 年的国际大豆价格将会比实际价格高出 14％。转基因技术在阿根廷应用 15 年（1996—2010 年），促进阿根廷经济发展并创造超过了 180 万个就业机会。

2013 年 3 月 23 日阿根廷农业部发起了一项针对转基因作物评估和批准的综合监管框架。结束了多年的监管流线型流程，预计新实行的监管框架将促进阿根廷引进新的转基因作物的风险和利益评估过程。阿根廷花了 20 年批准商业化种植 13 种转基因作物，而在过去三年里又批准了 15 种。

(四) 转基因标识

根据对不同国家或地区转基因产品标识管理法规的比较分析，可将转基因产品标识制度分为两种主要类型：即自愿标识和强制性标识。美国、加拿大、阿根廷等国家及中国香港等地区采用自愿标识政策。

作为一个商品出口国，（http：//www. cei. gov. ar/node/26），监管框架对该国至关重要。另一个关键问题是转基因作物在出口市场上的状况。当首个转基因作物耐草甘膦大豆（GTS）在阿根廷获得批准时，欧盟（EU，该国主要的豆粕贸易伙伴）当时实行的审查标准被认为公平公正、科学合理，且与该国已经到位的监管相一致。鉴于此背景，GTS 在阿根廷的批准与欧盟的类似决定同步。

1997 年批准的新的欧盟标识规则以及公众对转基因食品的恶意批评导致出现了非安全问题发挥影响的新情况。在这种新形势下，监管决策延期执行，直至 1998 年，欧盟决定暂停审批新的生物技术产品，直到管理生物技术产品审批、销售和标识的修订规则被实施。后来批准的新标识和可追溯性规则，涵盖食品和饲料，要求转基因含量超过 0.9%的任何产品均须标识。转基因作物制成的产品，即使转基因物质的含量可能不再检测得出（如转基因大豆生产出的大豆油），也要求予以标识。未批准的转基因生物的存在阈值设定为 0.5%，前提是科学委员会或欧洲食品安全局（EFSA）已判定该转基因生物对人类健康和环境安全。

鉴于阿根廷的贸易状况，强制性标识被视为阿根廷经济的一大威胁。为了避免贸易中断，阿根廷决定对建立农产品隔离处理系统的可行性进行评估。目标是只允许那些欧盟批准的产品进入出口流通领域。这种方法被证明并不具有成本效益。于是，阿根廷被迫改变其监管条例：经济政策因素开始成为决策过程中的一个关键部分（第 289/1997 号决议）。这种所谓的“镜子政策”规定，欧盟批准状况是阿根廷商业化批准的一个前提条件，这减缓了技术发展的进程并对该国经济产生了负面影响。目前正在反思这种“镜子政策”。

（五）研发现状

阿根廷科学家研发出了抗土豆病毒 Y（PVY）的转基因土豆，这种土豆病毒导致的疾病能减少土豆产量的 20%～80%。该团队由来自阿根廷国家研究委员会遗传工程和分子生物学研究所的 Fernando Bravo Almonacid 领导。6 年来，他们测试了来自两个省的两种不同品系的 2 000 株植物。结果表明，这种转基因土豆不受感染，而非转基因土豆的感染率在 60%～80%。

六、印 度

(一) 概 况

自 2002 年起，印度政府批准了商业化种植 6 个 Bt 抗虫棉转化事件的约 1 100 个 Bt 抗虫杂交棉品系。2007 年基因工程评价委员会发放了大豆油（来自抗草甘膦大豆）的永久进口许可。除此之外，尚无其他转基因食品成品、大宗谷物、加工产品及半加工产品获得进口许可。对于复合性状的审批，即使亲本转化事件已获批准，复合性状株系也需要按新株系申报。自 2002 年以来，Bt 棉花是唯一批准的商业化种植的转基因作物。目前 Bt 棉花种植面积占棉花种植总面积的 95%。2013 年印度的棉花（1 170 万公顷）产量达 3 050 万包（包＝ 480 磅），创下纪录。

2013 年，印度成为世界第二大棉花生产国和出口国。印度是世界领先的棉花出口国，2011 年印度出口了 1110 万包。目前唯一可以进口的转基因产品为抗草甘膦大豆提取的豆油，印度从一些国家如巴西、阿根廷和美国进口大量该豆油。

2006 年，卫生与家庭福利部对 1955 年的《预防食品掺假》规定进行了修订，增加了对转基因食品标识的要求。对尚未批准的转基因食品和转基因作物，执行“零容忍”政策。一些种子公司和公共部门的研究机构正在研究开发转基因作物，主要性状有抗病、抗虫，耐除草剂，营养强化，抗旱和增产。公共部门机构开发的作物包括香蕉、甘蓝、花椰菜、木薯、鹰嘴豆、棉花、茄子、油菜/芥菜、木瓜、木豆、马铃薯、水稻、番茄、西瓜和小麦。私营种子公司的重点作物是甘蓝、花椰菜、玉米、油菜/芥菜、秋葵、木豆、水稻和番茄，并进行复合性状棉花的开发。

（二）法律法规及管理机构

1. 规章制度

在印度，对转基因农作物、动物和产品的监管是根据1986年的《环境保护法》（EPA）和1989年的《制造、使用、进口、出口和储存有害微生物、转基因生物和细胞》的规定，这些规则用于管理研究、开发、进口、大规模应用转基因生物及其产品。

2006年8月，印度政府颁布了一项食品综合法，即《食品安全法》(2006)，法案中罗列了管理转基因食品的具体条款，其中包括加工食品。印度食品安全标准局（FSSAI）作为唯一的委托机构负责实施该法案。

1990年，科技部（MOST）的生物技术局（DBT）发布了《重组DNA指南》，于1994年修订。1998年，生物技术局颁布了单独的《转基因植物研究的指南》，包括用于研发的转基因植物的进口和运输。2008年，生物工程评审委员会采用了新的《田间试验指导方针和标准操作程序》。生物工程评审委员会也更新了《转基因食品安全评价指导方针》。

2. 职能部门

转基因管理涉及多个部门及委员会（数据来源于印度政府环境林业部及生物技术部）。

（1）生物工程评价委员会（GEAC）**隶属环境林业部**（MOEF）。

主席来自环境林业部，联合主席来自生物技术部，其他成员为相关机构和部门（即工业发展部、生物技术部和原子能部等代表），专家成员为ICAR局长、ICMR局长、CSIR局长、卫生服务局长、植物保护顾问、植物保护董事、检疫与储藏中央污染控制董事会主席以及少数相关领域外部专家，专职秘书为MOEF官员。

职能包括：评审并建议将何种转基因产品投入商业化应用；

从环境安全的角度批准转基因产品，将其应用于研究和投放于工业生产；发放许可前，向 RCGM 咨询与转基因产品相关的技术问题；批准转基因产品及衍生产品进口用作食品、饲料加工原料；对违反 1986 EPA 转基因法案的行为作出惩罚。

(2) 基因处理审查委员会（RCGM）**隶属生物技术部**（DBT）。

代表为生物技术部、印度医学研究理事会（ICMR）、科学工业研究理事会（CSIR）及其他相关领域专家。

职能包括：从生物安全角度为研究和使用转基因产品制定指南，以使程序法规化；监控并审查所有在研的转基因项目，直至多地点、可控环境的田间试验阶段；到田间实地考察，确保安全措施的有效性；签发进口许可给研究用途的转基因原始材料；详细审查生物工程评价委员会收到的进口转基因申报资料；组织转基因作物研究项目监控评价委员会；当有委员会感兴趣的议题需求时，分小组解决。

(3) DNA 重组顾问委员会（RDAC）**隶属生物技术部。**

成员为生物技术部和其他公立研究机构的科学家。

职能包括：记录全国及全球的生物科技发展势态；准备合适的转基因生物研究和应用的安全指导规范；准备基因工程评价委员会需要的其他指导规范。

(4) 监督评价委员会（MEC）。

成员为 ICAR 机构、州立农业大学和其他农业/作物研究机构的专家，以及 DBT 的代表。

职能包括：监督评价田间试验、分析数据、检查设备设施，根据调查结果鉴定哪些产品的安全性和农艺性状达标，而后推荐给 RCGM/GEAC。

(5) 生物安全学会委员会（IBC）**隶属于研究机构/组织级别。**

成员为从事生物技术工作的科学机构负责人、医学专家及生物技术部门代表。

职能包括：制定转基因生物的研究、使用及推广应用的操作指南，以确保环境安全；许可并监督所有在研的生物技术项目在可控的（受限的）环境中进行多地点田间试验；为科研用转基因生物发许进口许可；负责地方和州级生物技术委员会的协调工作。

(6) 州级生物技术协调委员会（SBCC）**隶属于有转基因研究能力的州政府。**

成员为州政府秘书长，环境部、卫生部、农业贸易部、林业部、公共劳动部、公共卫生部部长，州环境污染管理委员会主席、州微生物学家及病理学家及其他专家。

职能包括：定期审查转基因机构的安全措施；调查州污染管理委员会或者卫生委员会是否违规，并对违规行为进行处罚；如因释放转基因生物造成危害，在州级别对危害进行评估，并在现场采取控制措施。

(7) 地方级委员会（DLC）**职能隶属于有转基因研究能力的地方政府。**

代表为地方税收代表、工厂检查代表、污染控制委员会代表、主要医疗官员、地方农业官员、地方公共卫生部代表、地方微生物学家及病理学家、市政协作官员及其他专家。

职能包括：监督安全法规在研究和设备上的实施情况；调查各部门是否按《重组DNA指南》开展工作，向SBCC或者基因工程评价委员会报告违规行为；如因释放转基因生物造成危害，在地方级别对危害进行评估，并在现场采取控制措施。

3. 田间试验及试验审批

经基因处理审查委员会提议及生物工程评价委员会审批，方可开展大田试验。2008年，生物工程评价委员会采取“以转化事件为基础的”审批体系，对转化事件/性状的效率进行审核，评价时侧重于环境和食/饲用安全性。在转基因产品批准商业化之前，需在印度农业研究理事会（ICAR）或国家农业大学（SAU）监督指导下在田间进行严格的农艺学评价。研发者可以将农艺性状和生物安全试验合并进行，也可经生物工程评价委员会许可进行环境试验且印度政府同意后，分别开展试验。

生物工程评价委员会于同年修订了田间试验许可的程序，要求申请人（研发者）获得相关州政府的"无异议证书"后方可开展田间试验。目前，申请人需预先获得生物工程评价委员会批准和州政府的"无异议证书"后开展试验。仅4个州（Punjab，Haryana，Gujarat and Andhra Pradesh）发放田间试验"无异议证书"。

基因工程评价委员会许可了7个棉花和玉米转化事件在2013—2014年生产季节进行田间试验。自2014年起，生物工程评价委员会批准了21个新的转基因作物进行田间试验。

转基因产品获得批准后，申请人根据2002年《国家种子政策》的条款及各州具体的种子相关法规进行商用种子登记注册；在商业化推广后，联邦农业部和各州农业部对转基因产品进行3～5年田间监控。

4. 批准情况

在印度，Bt棉是唯一批准用于生产种植的转基因作物，自2002年起，印度政府批准了商业化种植六个Bt抗虫棉转化事件的约1 100个Bt抗虫杂交棉品系。批准情况见表6-1。

表6-1　印度转基因作物商业化种植批准情况

基因（转化事件）	开发商	用　途
*Cry*1Ac（Mon 531）	Mahyco Monsanto生物技术有限公司	纤维/种子/饲料
*Cry*1Ac和*Cry*2Ab（Mon 15985）	Mahyco Monsanto生物技术有限公司	纤维/种子/饲料
*Cry*1Ac	JK农业遗传	纤维/种子/饲料
*Cry*1Ab和*Cry*1Ac	Nath种业	纤维/种子/饲料
*Cry*1Ac（BNLA1）	棉花研发中心	纤维/种子/饲料
*Cry*1C（MLS 9124）	Metahelix生命科学有限公司	纤维/种子/饲料

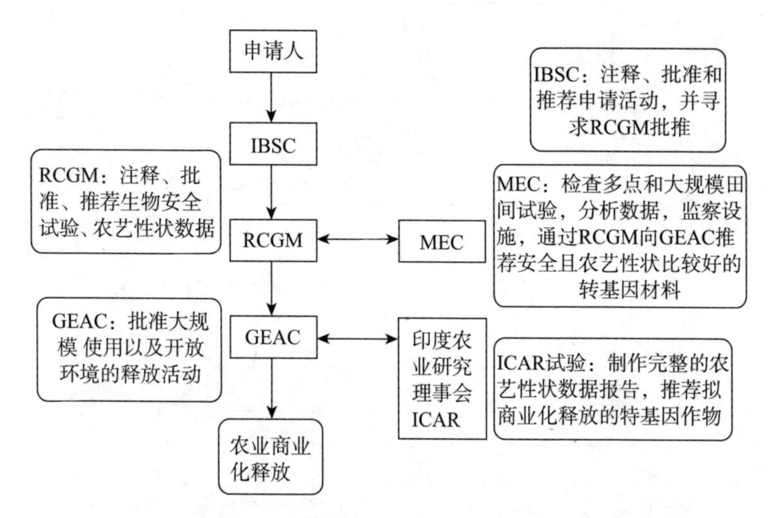

图 6-1　印度转基因作物试验或商业化种植的审批简化流程

资料来源：http：//dbtbiosafety. nic. in/default. asp

5. 田间试验检查

（1）焚烧所有营养生长器官而加以破坏，并留下种子；

（2）如果土壤中出现前一年的种子，则在次年将土地闲置并对植物加以破坏；

（3）在转基因生物被处理释放到环境中去之前，应当对在控制的封闭条件下操作的试验的土壤样品进行测试，确定其是否存在存活的细胞（1994 修正指南）；

（4）2008 年指南，规定了对试验地点的监测、收获后田地试用的限制。

（三）商业化情况

印度 Bt 棉花种植面积创历史新高，达到 1 160 万公顷，是 2002 年开始商业化的 5 万公顷的 230 倍，采用率为 95%，比 2013 年的 1 100 万公顷有所增加。Brookes 和 Barfoot 的最新估

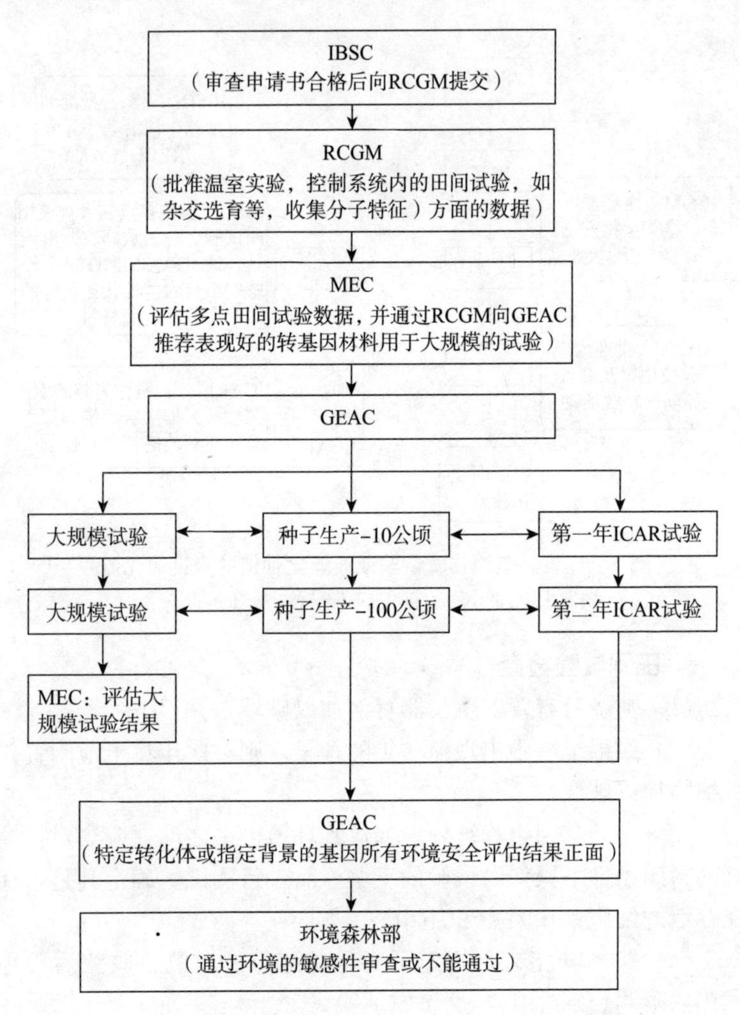

图 6-2　印度转基因作物商业化种植审批完整流程

资料来源：http：//dbtbiosafety. nic. in/default. asp

算显示 2002—2013 年这 12 年间 Bt 棉花使农村收入增加了 167 亿美元，仅 2013 年的收入就达到 21 亿美元，与 2012 年基本相同。

（1）商业化产品。

自 2002 年以来，Bt 棉花是唯一批准的商业化种植的转基因作物，Bt 棉商业化种植，用于种子、纤维和饲料生产/消费。在 12 年期间，Bt 棉花种植面积占棉花种植总面积的 95%，棉花的产量有巨大的飞跃。2013 年印度的棉花（1 170 万公顷）产量达 3 050 万包，创下纪录，成为世界第二大棉花生产国和出口国。截止到 2014 年，印度政府已批准 6 个棉花转化事件的近 1 100 个杂交种在不同生态区种植。大多数 Bt 棉花杂交种来源于孟山都的两个产品（MON 531 和 MON 15985）。

借助 Bt 棉的成功，农业生物技术在印度的 2012—2013 年财政年度以 7.3 亿美元的收入成为印度国内生物技术产业的第三大组成部分，超过国民总收入的 18%。Bt 棉花是唯一的转基因产品，且其种植面积近饱和，农业生物技术的增长在 2012—2013 年已经放缓至 5%，而且可预见其增长速度将进一步放缓。

（2）出口及进口。

印度是世界领先的棉花出口国，偶尔出口 Bt 棉的棉籽和棉粕。2011 年印度出口了 1 110 万包，创下纪录；2013 年出口 900 万包。市场人士称，棉花作为纤维产品（纤维素）因为其不含有蛋白，所以出口不需要转基因申报。印度不出口大量棉花或棉籽粕到美国。

目前唯一可以进口的转基因产品为抗草甘膦大豆提取的豆油。印度从一些国家如巴西，阿根廷和美国进口大量该豆油（2013 年 160 万吨）。

（3）贸易壁垒。

2006 年，商业与工业部发布了公告，明确表明进口商品中如含有转基因产品，需先获得基因工程评价委员会批准，且在进口过程中提交转基因声明。同年，环境和林业部公布了转基因产品生物工程评价委员会清关流程。

转基因产品的生物工程评价委员会清关流程非常烦琐，现实中极难实现进口。不过，2007年生物工程评价委员会发放了大豆油（来自抗草甘膦大豆）的永久进口许可。除此之外，尚无其他转基因食品成品、大宗谷物、加工产品及半加工产品获得进口许可。

转基因种子、苗木进口习惯遵循进口至印度的《植物检疫程序法规》（2003年），植物检疫程序按不同用途对进口种质资源/转基因生物/转基因植物材料分别管理。国家植物遗传资源局（NBPGR）是发放进口许可的主管当局。

2001年，印度颁布了《植物品种及农民权力保护法案》。目前，公布登记了79个作物物种，包括Bt杂交棉。

（四）转基因标识

2006年，卫生与家庭福利部对1955年的《预防食品掺假》规定进行了修订，增加了对转基因食品标识的要求。针对修订草案中转基因标识问题，该部门咨询了不同利益相关者的意见，但未对转基因食品标识作出最终决定。2012年，消费者事务、食品公共分配部消费者事务局发布了公告G. S. R. 427（E），修订了《有包装商品的计量办法》，并于2013年生效。含有转基因成分的食品需要在包装顶部主要显示栏中明示“转基因”字样。

（五）研发现状

一些印度种子公司和公共部门的研究机构正在研究开发转基因作物，主要性状有抗病、抗虫，耐除草剂，营养强化，抗旱和增产（http：//igmoris. nic. in/status _ gmo _ products. asp）。公共部门机构开发的作物包括香蕉、甘蓝、花椰菜、木薯、鹰嘴豆、棉花、茄子、油菜/芥菜、木瓜、木豆、马铃薯、水稻、番茄、西瓜和小麦。私营种子公司的重点作物是甘蓝、花椰菜、玉米、油菜/芥菜、秋葵、木豆、水稻和番茄，并进行复合性状棉花的开发。由于生物工程评价委员会近两年的不作为，及难以获得政府许可的问题，在 2013 年，只进行了玉米和棉花转化事件的田间试验。

资料来源：美国农业部外国农业服务组织全球农业信息网络，2014 年 7 月 11 日。

七、>>>

日　本

（一）概　况

日本是转基因农产品主要进口国家之一。日本每年进口大约1 500万吨玉米和300万吨大豆。同时，每年也进口数亿美元的转基因作物加工产品，如油、糖、酵母、酶，及其他转基因产品。

日本转基因法规总体上是基于科学的法规体系，在执行上也比较透明。截至2014年7月1日，共有290个转化事件，包括复合性状产品获得政府批准用于食品，其中，2013—2014年，约有100个转化事件通过安全评价。大约8个作物130个转化事件已经批准用于环境释放，包括种植。2009年，日本政府批准三得利公司培育的转基因玫瑰上市。三得利公司另外有9个康乃馨转化事件获得环境释放，但目前转基因玫瑰仍然是日本国内唯一种植的转基因产品，转基因康乃馨则是在哥伦比亚种植，再进口回日本国内。

（二）法律法规及管理机构

在日本，现代生物技术在植物育种中的应用已经比较普遍。其健全的法规、明确的分工、完善的监督体系使得日本成为国际上转基因生物安全管理比较完善、规范、科学、富有成效的国家之一。韩国和日本的情况基本类似，相应的工作开展得较晚。

日本按照转基因生物的特性和用途，将生物安全管理分为实验室研究阶段的安全管理、环境安全评价、饲料安全评价和食用安全评价。

截至2014年7月1日，日本通过食用安全评价的转基因转化事件290个，通过饲用安全评价的转化事件121个，通过环境安全评价的转化事件100个。另外，有17个由转基因原料加工生产的添加剂批准商业化应用。

1. 法规框架

(1) 实验安全法规。

为保证农业转基因生物（GMO）的实验阶段的安全，日本文省部省制定了实验阶段的安全指南，主要对实验室及封闭温室内转基因植物的研究进行了规范，相对来说对研究的管理，随着安全性的确认，越来越宽松。

(2) 环境安全法规。

为保证农业转基因生物（GMO）的环境安全，日本农林水产省（MAFF）在1989年发布了农业转基因生物环境安全评价指南，该指南主要指导研究开发人员对转基因生物的潜在风险进行评估。评估分为两个阶段，第一阶段是隔离条件下的试验，第二步是开放环境下的栽培试验。此外，1996年农林水产省又发布了转基因饲料安全评价指南。从2001年4月起，转基因饲料的安全评价纳入现有的《饲料安全保障与质量改进法》中强制执行。

(3) 食品安全法规。

为保障人类健康，厚生省于1991年发布了转基因食品安全评价指南（试行），2001年4月起该指南正式实施。该指南规定一种转基因产品如果既通过了环境安全评价又通过了食品安全评价，或者既通过了环境安全评价又通过了饲料安全评价，则允许该转基因产品在日本进行商品化应用。

根据“农林产品的标准化和标识法”（JAS法），日本于2000年3月发布了农林省第517号公告“转基因食品标识标准”，对在本国流通的转基因食品进行标识，该法案自2001年4

月1日实施。该标识制度适应于5种农作物产品，包括大豆、玉米、马铃薯、油菜籽、棉花，以及由上述作物产品加工后重组DNA获蛋白质仍然存在的24种加工品。标识的方式分三类：①转基因农产品和以农产品为加工原料的食品；②不区分转基因与非转基因的农产品和以这种农产品为加工原料的商品；③在生产流通过程中进行区分的非转基因产品及用这种农产品加工的食品。以上①、②两类食品要求必须标识（强制标识），分别标记为"转基因"或"与转基因不区分"。③类食品采取自愿标识制。同时还规定：转基因产品标识阈值为5%。

2. 法规实施

日本按照政府机构的职能分工，对转基因生物的研发、开发、生产、上市及进出口规定由现在的文省部、农林水产省、厚生省分三个阶段管理，分别制定管理指南。文省部负责实验室研究阶段的安全管理，农林水产省负责转基因生物的环境安全评价、饲料的安全性评价和转基因食品的标签管理，厚生省负责转基因食品的安全性评价和标签管理。关于食品的安全性管理，厚生省的职能与农林水产省是重复的，在各自的条款上都是完全一样的，两个部门相互协调配合得很好。

在转基因标识管理上，从2001年4月1日起，日本农林水产省要求对于在本国市场上流通的30种食品（包括豆腐、纳豆等日本人常吃的食物和豆渣等饲料），必须在包装上注明是否属于转基因食品。

（三）商业化情况

1. 转基因作物种植情况

2009年，日本政府批准三得利公司培育的转基因玫瑰上市。三得利公司另外有9个康乃馨转化事件获得环境释放，但目前转基因玫瑰仍然是日本国内唯一种植的转基因产品，转基因康乃馨则是在哥伦比亚种植，在进口回日本国内。

2. 转基因商品进口情况

日本是主要的农业生物技术受益国家之一。其几乎所有的玉米及95%的大豆都依赖进口。农业转基因生物技术为解决日本的粮食安全帮助很大。

2013年度，日本进口1 440万吨玉米。主要进口国家有美国，巴西，阿根廷，乌克兰和西班牙，进口量分别为640万吨、440万吨、190万吨、100万吨和10万吨。除乌克兰外，其他均为转基因、作物主要种植国家。进口的玉米饲料玉米占比为65%，几乎都是不区分转基因、非转基因的玉米。近500万吨进口玉米用于食品及其加工，其中近50%的进口用作食品玉米没有区分转基因非转基因，其余的进口玉米主要用于发泡酒的酿制（表7-1）。

表7-1　日本转基因产品的应用

转基因作物原料	转基因作物加工产品（成分）	最终产品实例
玉米	玉米油	加工海鲜，调料，油
	玉米淀粉	冰淇淋，巧克力，蛋糕，冷冻食品
	糊精	日本豆
	玉米糖浆	糖果，果冻
	水解蛋白	薯片
大豆	酱油	调料
	豆芽	补充剂
	人造黄油	快餐
	水解蛋白	薯片
油菜	菜籽油	巧克力，油炸食品
甜菜	糖	各种加工食品

（四）转基因标识

根据《食品卫生法》和《农产品标准化和标识法》，日本政府于2000年3月31日发布农林水产省第517号公告——《转基因食品标识标准》，该标准于2001年4月1日实施。2001年9月28日、2002年2月22日、2005年10月10日，农林水产省分别发布第1335号、334号、1535号公告，对转基因食品标识目录进行修改，分别增加了高油酸大豆及其加工品、马铃薯及其加工品、三叶草及其加工品。

日本对转基因农产品采取强制标识和自愿标识共存的制度：转基因农产品及其加工食品、不区分转基因与非转基因的农产品及其加工食品进行强制标识，分别表示为“××（转基因）”、“××（转基因不区分）”；非转基因农产品及其加工食品进行自愿标识，可表示为“××（非转基因）”。同时规定：国内不存在转基因生物的食品不能进行非转基因标识；转基因生物加工后，不再含有重组DNA或蛋白质的产品采取自愿标识（在营养成分及用途上与常规食品有显著改变的进行强制标识）；转基因食品的标识阈值为5%，即食品主要原料中批准的转基因成分达到5%后才需要强制性标识，对于未批准的转基因生物，转基因食品的标识阈值为0。“主要原料”指食品的三种主要原材料之一，含量在5%以上。农林水产省在调查了可能含有转基因成分的200多种食品后，根据食品中DNA或蛋白质是否存在的检测结果，制定了转基因食品标识目录。表2所示，为目前按照JAS（和CAA）要求标识的由转基因作物加工的产品。

日本非转基因食品标识需要严格的IP（Identity Preserved）认证，并施行分别生产流通管理。考虑到转基因产品全部来自进口，国内对转基因产品和非转基因产品的共同需求，日本针对美国、加拿大制定了进口大豆、玉米等非转基因农产品的分别生产流通管理手册，将认证过程分为农民生产、收购商运输、驳船运输、出口商运输、港口仓储、批发运输、产品粗加工、食品加工8个阶段，每一阶段都需要向下一阶段出具管理记录和非转基因证明。另外，除上述33种产品外，日本要求标识转基因高油酸大豆的加工品。对于转基因番木瓜，由于消费和贸易量很小，一般对每个番木瓜单独标识（表 7-2）。

表 7-2　日本转基因食品标识目录

序号	食品类型	作物种类
1	豆腐、油炸豆腐	大豆
2	冻豆腐、豆腐渣、豆腐皮	大豆
3	纳豆	大豆
4	豆奶	大豆
5	豆酱	大豆
6	烹调用大豆	大豆
7	罐装大豆	大豆
8	炒豆粉	大豆
9	炒大豆	大豆
10	用 1～9 为主要原料的食品	大豆
11	以大豆（烹调用）为主要原料的食品	大豆
12	以大豆粉为主要原料的食品	大豆
13	以大豆蛋白为主要原料的食品	大豆
14	以毛豆为主要原料的食品	大豆
15	以豆芽为主要原料的食品	大豆
16	玉米点心	玉米
17	玉米淀粉	玉米
18	爆玉米花	玉米
19	速冻玉米	玉米
20	罐装玉米	玉米
21	以玉米粉为主要原料的食品	玉米
22	以粗玉米粉为主要原料的食品	玉米
23	以玉米（烹调用）为主要原料的食品	玉米

（续）

序号	食品类型	作物种类
24	以16～20为主要原料的食品	玉米
25	速冻马铃薯	马铃薯
26	干马铃薯	马铃薯
27	马铃薯淀粉	马铃薯
28	马铃薯点心	马铃薯
29	以25～28为主要原料的食品	马铃薯
30	马铃薯（烹调用）为主要原料的食品	马铃薯
31	以苜蓿为主要原料的食品	苜蓿
32	以甜菜（加工用）为主要原料	甜菜
33	以番木瓜为主要原料	番木瓜

（五）研发现状

日本政府十分重视转基因生物的研究，认为“只要处理好安全问题，转基因技术对人类的贡献将是巨大的”。日本转基因生物研发工作虽然起步较晚，但近年来取得了显著的成绩，尤其是对于转基因水稻研发，仅2004—2005年就有18项转基因水稻获准隔离条件下试验。然而，由于日本农业在经济发展中占的比重很小，农业生产者很难逾越消费者对转基因生物的反对态度，转基因生物在日本商品化种植存在很大困难。

转基因生物的研究主要由大学和农林水产省独立行政法人进行。前者主要开展基础性研究工作，例如：目的基因的克隆和功能性状的确定等；后者则开展转基因的研发、安全性评价等下游工作。另外，部分企业也从事转基因作物的研发。总体来说，日本转基因植物的研发分为3个世代：

第1世代：以提高作物的农艺性状为主，包括抗病性、抗虫性、耐除草剂和抗逆性（低温、干旱、盐碱、倒伏）。日本已开发了半矮化水稻、抗稻瘟病水稻、抗圆环病毒番木瓜、蓝色康乃馨等多种转基因植物。

第 2 世代：与功能性食品相关的转基因作物，主要包括提高维生素含量、抗过敏、降低血糖和生产疫苗、诊断抗原等性状。目前研发成熟的主要有，富含维生素 A 的黄金稻、转入杉树多肽基因的抗花粉症水稻和促进胰岛素分泌的降血糖水稻等，其中防花粉过敏水稻正进行食品安全性动物试验以及生产疫苗用的转基因草莓。

第 3 世代：用于环境修复、生产工业原料的转基因生物。目前，日本正在开发吸收重金属离子的转基因作物和降解 2，4-D 等化学农药的转基因微生物，并加强用于石油替代品和医药、食品添加剂化妆品等新性状转基因生物的研发。

鉴于公众对转基因生物安全的普遍关注，为便于转基因生物的应用和公众的接受，日本非常重视在转基因研发中采用“安全性”技术措施，相关技术主要有：应用植物源目的基因，不使用标记基因，选用叶绿体特异性表达的启动子等。

2009 年，日本政府批准三得利公司培育的转基因玫瑰上市。三得利公司另外有 9 个康乃馨转化事件获得环境释放，但目前转基因玫瑰仍然是日本国内唯一种植的转基因产品，转基因康乃馨则是在哥伦比亚种植，再进口回日本国内。

八、>>>

澳大利亚及新西兰

（一）概　　况

澳大利亚和巴西、加拿大、阿根廷、巴拉圭和美国政府一道，支持“创新农业生产技术联合声明，尤其是植物转基因技术（Joint Statement on Innovative Agricultural Production Technologies，particularly Plant Biotechnologies）”；同时，也是国际植物保护公约（International Plant Protection Convention）的签约国；1963 年澳大利亚成为 Codex 成员国；参与 OECD 的生物技术监管法规协调（Harmonization of Regulatory Oversight in Biotechnology）工作组。通过参与这些平台，基因技术管理办公室（Office of the Gene Technology Regulator，OGTR）发挥了重要作用：建立转基因生物环境风险评估国际指南、建立关于转基因生物的低水平混杂管理，以及负责牵头起草桉树和甘蔗的 OECD 生物学特性共识文件。

尽管反对转基因活动使得澳大利亚对转基因食品有着严格的标识要求，也导致部分州暂时禁止转基因作物的种植，但是澳大利亚政府始终对农业生物技术持积极的态度，对于开展转基因生物工作的监管法规框架是以风险评估为基础的。澳大利亚通过多种努力，积极地推行以科学为基础、透明、可预测的法规评审方法，促进创新并确保全球粮食安全及稳定的供应，包括种植和利用由创新技术获得的农产品。

1996 年是全球转基因作物商业化的第一年，澳大利亚即开始商业化种植转基因棉花。2014 年，该国转基因棉花的种植面积为20万公顷，99%的棉花为转基因品种。在2003年OGTR刚刚批准允许转基因油菜可以商业化种植时，澳大利亚的许多民众表示担心种植转基因油菜会对国内油菜经济和对外的贸易出口带来影响。然而，2014年，澳大利亚转基因油菜的种植面积高达约34.2万公顷，对于种植转基因品种的担心已极大限度消除，且广泛报道种植转基因品种对环境益处及杀虫剂/除草剂用量的明显降低。

（二）法律法规及管理机构

在澳大利亚，基因技术管理办公室（Office of the Gene Technology Regulator，OGTR）负责监管转基因生物的相关工作，包括实验室研究、田间试验、商业化种植以及饲用批准。澳新食品标准局（Food Standards Australia & New Zealand，FSANZ）负责对利用转基因产品加工的食品进行上市前必要的安全评价工作，并设定食品安全标准和标识要求。

1. 管理机构

基因技术管理办公室（OGTR）。OGTR的管理依据为2001年6月21日实施的《基因技术法案》（2000），其目的是：……“通过鉴定基因技术产品是否带来或引起风险，以及对特定的转基因生物操作进行监管来管理这些风险，进而保护人民的健康和安全，保护环境”。

OGTR的职责包括：对转基因生物的室内研究和环境释放（包括田间试验和商业化种植）设定要求。

对于需要获得许可证的转基因生物相关工作，是根据《基因技术法案》（2000）、《基因技术管理条例》（2001）以及州/特区政府相关立法中规定的关于许可证申请的监管评估进行的。每个许可证申请中的风险评估和风险管理计划是决定是否签发许可证的基础。在准备风险评估和管理计划时，监管当局会鉴定和评估转基因生物是否给人类健康和安全、环境安全带来风险，同时还会对风险管理措施进行考量。基因技术专家咨询委员会（Gene Technology Technical Advisory Committee，GTTAC）在该程序中向 OGTR 提供技术和科学建议。此外，还有其他两个委员会向 OGTR 提供关于伦理和公众关注的建议：

• 基因技术道德委员会（Gene Technology Ethics Committee，GTEC）

• 基因技术社会咨询委员会（Gene Technology Community Consultative Committee，GTCCC）

当计划将开发的转基因生物释放到环境中时，OGTR 也会向更广范围的专家组、利益相关者包括公众进行咨询。如果 OGTR 认为风险可控，将会签发许可证，并附加确保有效实施风险管理的条件。OGTR 有足够广泛的权利进行监管和强制实施附加条件。

澳新食品标准局（FSANZ）。FSANZ 对转基因食品进行安全评价时，遵循 OECD、FAO-WHO、Codex 等建立的以科学为原则的国际评价指南。这些指南旨在对适用的各种食品进行严谨地、具有灵活性地评价。灵活的转基因食品的安全评价遵循个案原则，并考虑到将来的新技术。

根据《澳大利亚/新西兰食品标准法典》条款 1.5.2 规定，要求对来源于转基因植物、动物和微生物的食品进行监管。FSANZ 代表澳大利亚联邦政府、州/特区政府和新西兰政府开展转基因食品的安全评价。

FSANZ 和 OGTR 之间的协调。FSANZ 和 OGTR 在保护人民健康方面起着重要作用。由于它们之间有共同的业务领域，因此两个部门从紧密的合作中受益颇多。如：FSANZ 和 OGTR 之间的沟通使得 FSANZ 可以了解到有哪些转基因生物正在申请环境释放，从而使得 FSANZ 提前了解是否存在食品安全风险。反之，FSANZ 在咨询过程中，也可以与 OGTR 分享哪些转基因产品正在进行食用安全评价。

2. 法律法规

FSANZ 和 OGTR 之间的合作是更广范围的政府间（FSANZ、OGTR、澳大利亚卫生与老人保健部和澳大利亚农林渔业部）合作的一部分。来自于这些部门的代表之间会分享关于转基因生物和产品的田间试验、商业化释放和食品应用申请的信息和技术数据。

《基因技术法案 2000》已于 2001 年 6 月 21 日起生效。本法案中确立了澳大利亚转基因生物管理机构框架，旨在通过确定并管理由基因技术带来的风险，保护澳大利亚人民的健康和环境的安全。此法案是经过多年与澳大利亚各个行政辖区的商讨，最终建立的针对基因技术国内统一的管理体系。

《基因技术法案 2000》进一步由《基因技术法规 2001》（Gene Technology Regulations 2001）、澳大利亚政府和各州各地区间的《基因技术政府间协议 2001 》（Intergovernmental Gene Technology Agreement 2001），以及各州各地区的相应立法所支持。

根据《基因技术法》的规定，下列活动，均适用于本法。包括：转基因生物试验，研制、生产、制造、加工转基因生物，转基因生物育种、繁殖，在非转基因产品生产过程中使用转基因生物，种植、养殖或组织培养转基因生物；进口、运输、处置转基因生物等。上述这些活动，分为以下几种类型管理：

第一种类型：免于管制活动（Exampt Dealings：ED）；

第二种类型：显著低风险的活动（Notifiable Low Risk Dealings：NLRD）；

第三种类型：非有意释放到环境中去的活动（Dealings Not involving an Intentional Release：DNIR）；

第四种类型：有意释放到环境中去的活动（Dealings involving an Intentional Release：DIR）；

第五种类型：转基因生物注册；

第六种类型：无意活动；

第七种类型：应急活动（Emergency Dealing Determination：EDD）。

其中，依法对第三、第四、第六种活动设置了三类前置行政许可事项，如果没有得到基因技术长官的授权，不允许开展此类活动（表 8-1、表 8-2）。

表 8-1 各类管理活动的授权及控制措施要求

类别	长官授权许可及做法	控制措施
免于管理	不需要。	不会有意释放到环境中去
NLRD	不需要。但须获得 IBC 审查；单位年报中通报	需要，级别物理控制 1 级、2 级或 3 级
DNIR	需要。经 IBC 审查，准备风险评估和风险管理计划（Risk Assessment and Risk Management Plan：RARMP 并须获得长官授权	需要，级别在大于等于物理控制 2 级到 4 级，以及其他条件
DIR（商业化生产）	需要。经 IBC 审查，对申请咨询，准备 RARMP，对 RARMP 咨询，最后获得长官授权	基于个案的原则可以采取一定的控制措施，加上其他许可条件
DIR（田间试验）	需要。经 IBC 审查，准备 RARMP，对 RARMP 咨询，最后获得长官授权	基于申请释放的规模及范围采取一定的控制措施，加上其他许可条件
无意活动	需要。仅适用于处置转基因生物为目的的长官临时授权行为	可以采取一定的控制措施
EDD	不需要。由各州部长决定，向州主管当局寻求关于转基因生物威胁和使用的建议，向基因技术长官寻求风险管理的建议	可以采取一定的控制或者处置建议

表 8-2 各类管理活动的审批时限

类　别	时　限
DNIR	90 日（管理条例第 8 条）
DIR（田间试验，没有明显风险）	150 日（管理条例第 8 条）
DIR（田间试验，显著风险）	170 日（管理条例第 8 条）
DIR（其他）	255 日（管理条例第 8 条）

（续）

类　　别	时　　限
Licence variation	90 日（管理条例第 11A 条）
认证	90 日（管理条例第 16 条）
证明	90 日（管理条例第 14 条）

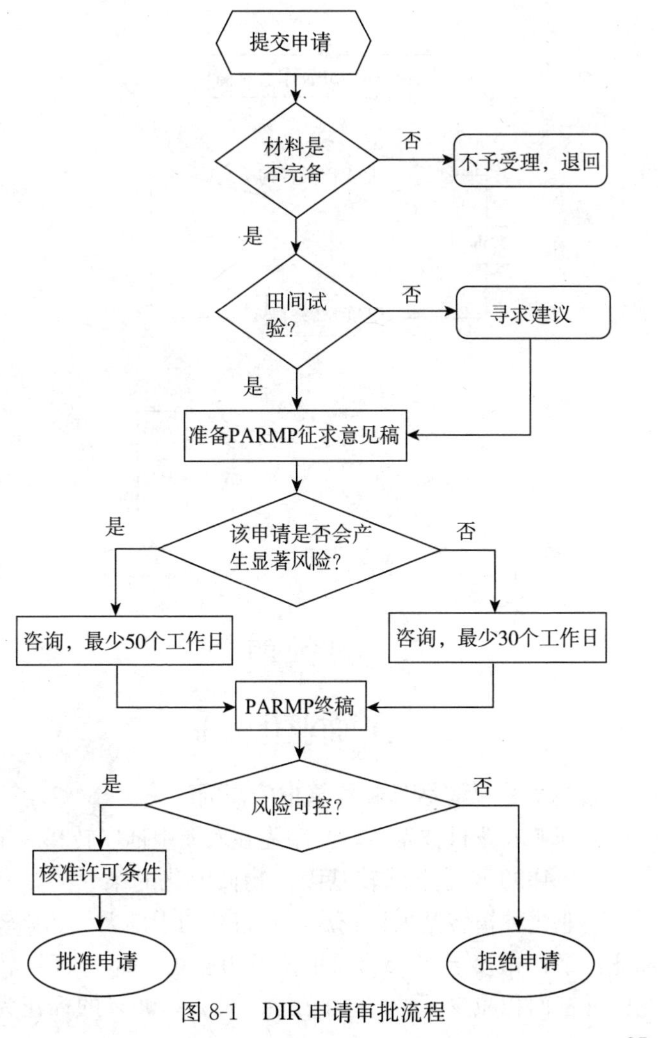

图 8-1　DIR 申请审批流程

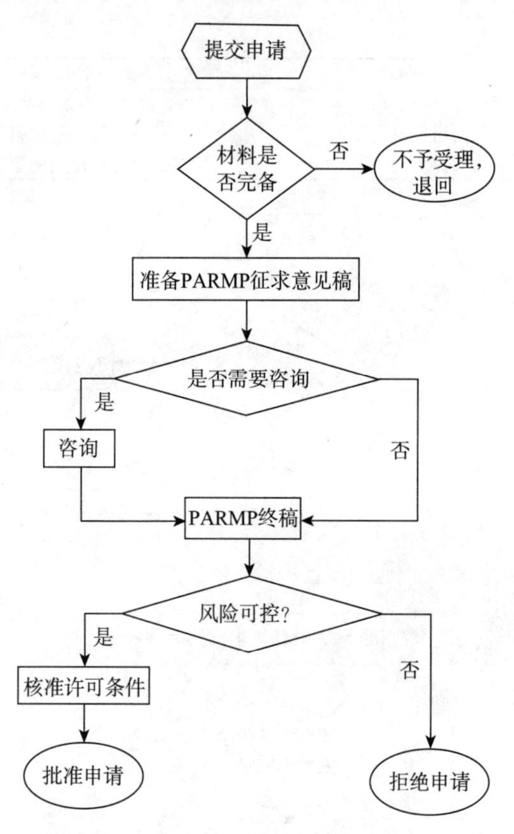

图 8-2　DNIR 申请审批流程

（三）商业化情况

1. 澳大利亚转基因作物种植推广情况

澳大利亚农业科技发达，是率先在农业中推广转基因技术的国家之一。1996 年是全球转基因作物商业化的第一年，澳大利亚开始商业化种植转基因棉花。由于持续的干旱天气和比较低迷的棉花价格，相较于 2013 年 的 41.6 万公顷，2014 年，转基因棉花的种植面积减少了 20 多万公顷，但是，99%的棉花为转基因品种。随着转基因棉花种植面积的扩大，转基因所导入的外源性状由单一性状逐渐转向复合性状，即从抗除草剂或抗虫转向抗除草剂和抗虫复合型品种。转基因棉花的种植大大减少了农药的使用，对环境保护起到了重要的作用。

继转基因棉花成功推广后，自 2003 年，基因技术管理办公室批准了一系列转基因油菜品种，但在推广初始阶段遭到各州的抵制。原因之一是人们担心这项技术会使杂草对除草剂的抗性进一步提高，导致除草剂用量的增加，从而对野生物种和环境产生不利影响；另一个原因则是全球对转基因油菜的市场准入限制会影响澳大利亚油菜籽和菜籽油的出口。然而，随着国际市场上转基因油菜籽贸易比重持续上升，2008 年在新南威尔士州（New South Wales）和维多利亚州（Victoria）首次种植转基因油菜。2009 年西澳大利亚州允许转基因油菜田间试验，2010 年首次允许商业化种植。相较于 2013 年的 22.2 万公顷种植面积，2014 年增长了十多万公顷，达到 34.2 万公顷。

除了转基因棉花和油菜，康乃馨是澳大利亚唯一的转基因园艺作物。康乃馨对乙烯敏感，利用转基因技术抑制乙烯的生成，延长插花寿命。

据澳大利亚州政府估计，自 1996—2013 年，种植转基因作物使得农业收入增加了 8.9 亿美元，2013 年的受益高达 1.24 亿美元。

2. 澳大利亚转基因农产品的进出口贸易概况

（1）进口情况。

澳大利亚进口的转基因产品主要是转基因大豆及其制品，主要来自美国和巴西。转基因大豆作为食品加工原料，广泛用于巧克力、饼干、面包和薯条等。由于庞大的畜牧业，澳大利亚豆粕供给存在较大的缺口，需要大量进口。此外，为了满足国内需求，澳大利亚也需要进口大量的大豆油。其他转基因农产品（如玉米）通过进口食品（如谷类早餐、面包、玉米条等）进入澳大利亚国内市场。

表 8-3 澳大利亚/新西兰含转基因成分食品列表

作物	转入性状	可能的食用方式
大豆	抗除草剂 高油酸	大豆食品包括豆制饮品、豆腐、大豆油和大豆粉；含有大豆成分的食品包括：面包、糕点、烘焙食品、煎炸食品、食用油食品和特殊食品
油菜	抗除草剂	菜籽油以及含有菜籽油的煎炸食品、烘焙食品或零食
玉米	抗虫 抗除草剂 抗虫+抗除草剂	玉米食品包括：玉米籽粒、玉米粉、糖和糖浆；可能含有玉米成分的食品有：零食、烘焙食品、煎炸食品、食用油食品、甜点、特殊食品和软饮料
马铃薯	抗虫 抗虫+抗病毒	马铃薯；含有马铃薯成分的食品包括零食、加工马铃薯产品以及其他加工产品
甜菜	抗除草剂	利用甜菜生产的糖用于食品加工
棉花	抗虫 抗除草剂 抗虫+抗除草剂	棉籽油可能与其他植物油混合使用、煎炸食品、烘焙食品、零食、食用油和小商品的包装

（2）出口情况。

从转基因农产品的出口情况来看，澳大利亚是世界上第三大原棉出口国，出口的国家主要是中国、印度尼西亚、日本、泰国和韩国等。棉籽是棉花产业重要的副产品之一，澳大利亚对棉籽的处理和应用主要有三种方式：一是培育成棉种；二是用于榨油；三是直接出口棉籽或者加工成棉籽粕用作饲料，这一点取决于澳元的价值，例如澳元贬值，则更多地出口棉籽；澳元升值，则更多地用作饲料，大部分饲料供国内需求。油菜籽是澳大利亚最主要的油料作物，不仅种植规模大、产量高，而且出口比重大。2008 年是澳大利亚转基因油菜商业化的第 1 年，且随着时间的推移，转基因油菜的种植面积越来越大，凭借优良的性状，澳大利亚油菜籽产量和出口量持续增加。

(四)转基因标识

《食品标准法典》第 1.5.2 条款对转基因食品的标识进行了规定。该规定于 2001 年 12 月份开始实施。在允许销售之前，已经对转基因食品进行了安全评价。因此，标识的目的只是向消费者提供信息，以便消费者根据自己的喜好来购买或避免购买转基因食品。该转基因食品标识法规在世界上也是比较严格的法规，它平衡了消费者的需求和政府的可执行性。

1. 一般标识要求

为了标识的需求，《食品标准法典》中对转基因食品进行了定义：来源于转基因产品或含有转基因产品成分的食品。包括：①含有新的基因或蛋白；②某种特性改变。但是不包括：①精炼食品（除成分改变外），因为精炼程序已经将 DNA 和/或蛋白质去除；②使用含转基因成分的加工助剂或食品添加剂，但最终产品中不含转基因成分；③转基因成分低于 1 克/千克的调味品；④低于 10 克/千克的转基因成分无意混杂的食品。

因此，像来源于转基因大豆的大豆粉这类产品是需要进行标识的。而精炼油（如转基因大豆精炼油）是不需要进行标识的，原因是不含有 DNA 或蛋白质，化学成分与非转基因大豆油等同。

根据标识的标准，对于包装食品，“转基因”几个字必须与食品名称相连，或者与成分表中特定的成分相连；对于零售的散装食品（如：散装水果和蔬菜，或散装的半加工食品），“转基因”几个字必须摆放在食品旁边，或与食品的特定成分相连。

2. 附加标识信息

对于含“某种特性改变”转基因成分的食品，有附加标识要求。

特性改变的转基因产品与非转基因对照相比，需对照以下几点：

（1）组成成分或营养价值发生改变；

（2）抗营养因子或天然毒素发生改变；

（3）已知可以对特定人群引起过敏反应的因子发生改变；

（4）有特定用途。

对于附加标识信息根据个案原则，基于转基因产品改变的特性，或转基因产品是否引发伦理、文化或宗教问题而定。FSANZ 在建立或修改食品标准时规定是否需要附加标识信息。迄今，在澳大利亚/新西兰只有一种特性改变的转基因大豆，其油酸含量高于非转基因对照大豆。因此，含有这类大豆成分的食品需要附加标识该信息。

3. 其他规定

（1）澳大利亚精细畜牧业大量地使用转基因饲料产品。澳大利亚大部分豆粕依靠进口。含有转基因成分的动物饲料由 OGTR 来监管。进口到澳大利亚用于动物饲料的转基因谷物必须经过澳大利亚 OGTR 和农业部的批准。农业部对进口的产品进行检疫监测，并提供证书，确保进口产品没有病虫害。在澳大利亚，对含有转基因成分的动物饲料不要求进行特殊标识。

（2）澳大利亚/新西兰的标识政策规定：终产品（如来源于转基因大豆、玉米、油菜的油、糖、淀粉等）中不含新的 DNA 或蛋白质的食品、食品添加剂或加工辅助物质（终产品中不含外源 DNA 或蛋白质）、调味品（终产品中转基因成分含量不超过 0.1%）以及在加工点销售（如餐馆等）的食品可不进行标识。

（五）研发现状

正如上文所述，澳大利亚联邦政府对转基因技术非常支持，已经承诺在研究和发展上进行长期投入，州政府也承诺了对转基因技术的研究和开发的资金。

1. 转基因小麦的研发

澳大利亚联邦科学与工业研究组织（Commonwealth Scientific and Industrial Organization，CSIRO）、阿德莱德大学（University of Adelaide）以及维多利亚第一产业部（Victorian Department of Primary Industries）与国际公司合作，开展对转基因小麦的研究。根据不同的受众，2014 年，澳大利亚对小麦的研究主要着重于两个方面：针对小麦种植者，研究主要着重于小麦农艺性状的改进，如对高温/干旱条件的更高耐受能力，以便更好地适应气候变化；针对消费者，研究的着重点主要在营养改良，从而使得其加工食品可以对糖尿病、心脏病以及其他疾病有所帮助。2007—2014 年，在澳大利亚共批准 11 转基因小麦项目进行田间试验，包括：抗旱或其他抗逆性状、提高营养利用率、增加食用纤维以及组分改变。

在斯威本科技大学（Swinburne University of Technology）正在开展抗细菌和真菌小麦的研究。该研究团队设计了一段人工肽，用以模拟小麦中发现的肽，并利用不同的细菌、真菌以及哺乳动物细胞测试该肽段，结果发现，肽段对一系列细菌和真菌具有攻击性，但是对哺乳动物细胞无害，可以用于如食品安全、医疗保健以及表面污染方面来减少微生物污染。此外，该人工肽段耐受高温，可以在食品加工（如牛奶和果汁饮料）中用作防腐剂。

2. 转基因甘蔗的研发

OGTR 在 2014 年批准了 4 个转基因甘蔗的田间试验，由昆士兰大学（The University of Queensland）和澳大利亚蔗糖试验局（BSES Limited）开展。转基因甘蔗的主要性状包括：抗除草剂、改变植物生长、增加抗旱能力、提高营养利用率、改变蔗糖累积和提高甘蔗单位生物量的乙醇产量。

3. 转基因香蕉的研发

通过对 Cavendish 和 Lady finger 香蕉进行了基因改造，使其抵抗枯萎镰刀菌（Fusarium wilt）和巴拿马枯萎病（Panama disease）。自 2010 年 11 月至 2014 年，在来自于昆士兰科技大学（Queensland University of Technology）的 James Dale 博士带领下，在澳大利亚北领地开展田间试验。此外，对抗黑斑病（black sigatoka）和抗香蕉束顶病毒（bunchy top virus）的转基因香蕉也正在研发中。

多数东非国家将香蕉作为主粮，但是香蕉中的微量元素维生素 A 和铁的含量很低，Dale 博士获得了来自于比尔及梅林达・盖茨基金会的支持，研究富含维生素 A 的转基因香蕉，其 β 胡萝卜素的含量是对照的 15 倍。该技术已经转至乌干达研究伙伴：乌干达国家农业研究组织（National Agricultural Research Organization of Uganda ），正在开展田间试验。希望 2020 年富含维生素 A 的香蕉可以在乌干达种植，预期 70%的民众可以依靠它生存。

4. 转基因豆科植物的研发

澳大利亚经常发生的极端干旱天气严重影响了作物的生长。西澳大学（University of Western Australia）研发了一种抗旱的绿豆，其根系更发达且可以到达更深土层，从而获得更多的水分和营养。这项技术已经应用于高粱，且科学家对于将该技术应用于绿豆的前景很乐观，可以种植于特定的环境中。

九、

南　非

（一）概　况

南非是农业、渔业和林业产品净出口国。荷兰（占出口额11%）、英国（占出口额9%）和津巴布韦（占出口额8%）是南非农业、渔业和林业产品的三大主要出口目的地。2013年，南非对美国的农业、渔业和林业产品出口达到2.89亿美元，比上一年增加2%，占南非农业出口总额的3%。酒（6 900万美元）、坚果（4 200万美元）和新鲜水果（5 900万美元）是南非输向美国的主要产品。南非进口农业、渔业和林业产品的主要合作伙伴包括阿根廷（占进口额10%）、中国（占进口额8%）、巴西（占进口额8%）和印尼（占进口额6%）。2013年，南非自美国进口增加10%，达到3.32亿美元，占南非农业、渔业和林业产品进口额的5%。乳制品（2 800万美元）、小麦（2 500万美元）和作物种子（2 400万美元）是2012年南非从美国进口的主要产品。

南非拥有高度发达的农业经济，尤其是在第一代生物技术和有效的植物育种技术领域。南非致力于生物技术研发事业已有30多年时间，一直是非洲大陆的生物技术领导者。南非2014年的转基因作物种植面积稍有下降，为270万公顷，这使南非成为世界第九大转基因作物种植国以及迄今为止非洲最大的转基因作物种植国。大部分南非农民都在使用植物生物技术并从中获益匪浅。在南非的生物技术作物总种植面积中，转基因玉米种植占到种植规模的83%，转基因大豆占17%左右，转基因棉花占比不到1%。在南非，将近87%的玉米、92%的大豆以及所有棉花是采用转基因种子种植的。目前在南非被商业化种植的所有转基因事件都是在美国开发的。然而，由于美国已批准还未被南非批准的玉米转化事件，所以美国的商用玉米不能出口到南非。

南非制定了一项“国家生物技术战略”。该战略提供了一个政策框架，它的目的是建立生物技术研究激励机制和促进使用生物技术。该战略还保证南非采用严格的生物安全监管制度，该制度可把使用生物技术对环境造成的破坏控制在最小水平，同时应对南非的可持续发展目标和需要。

1997 年的《转基因生物法》（GMO 法）是授权当局对与某种转基因产品有关的任何活动可能引起的潜在风险进行科学、逐案评估的监管框架。该法规还要求申请者必须告知公众其释放转基因产品计划后才能申请释放许可。除 GMO 法之外，生物技术还要服从环境和卫生相关法律的监管。

2014 年 3 月，南非主办了南部非洲发展共同体（SADC）生物技术和生物安全大会。这次为期 3 天的会议召集到来自 SADC 14个成员国的生物技术和生物安全领域的政府和学术代表。东部和南部非洲共同市场（COMESA）及非洲发展新伙伴计划（NEPAD）等地区性组织也出席了大会，探讨在该地区实现生物技术和生物安全协调一致的重要性。这次大会以使用生物技术超过 15 年时间的南非作为研究案例，明确了生物技术在确保食品安全问题上的作用。这次大会还就 SADC 地区的生物安全政策亟须统一的问题达成了共识。

2013 年 9 月，南非主办了一年一度的多国低水平混杂（LLP）会议。代表国家有巴西、澳大利亚、韩国、巴拉圭、加拿大、哥伦比亚、中国和美国。世界各地正在开发和种植的转基因作物数目和复杂度每年都在上升。这种局面有可能使世界各地的不同时及不对称许可数目增加，进而使因商业渠道上未批准事件的低水平混杂导致贸易中断的风险提高。因此，全世界迫切需要解决 LLP 事件对贸易造成的威胁，因为它会影响全球的食品安全。因为意识到采取行动的必要性，相关国家召开的年度LLP会议，开始针对全球的LLP问题制定一种实用且科学、可预测、透明的管理方法。

于2011年4月1日生效的《南非消费者保护法》中规定的转基因产品强制性标识条款被暂停执行。迫于食品行业利益相关者的猛烈抨击，因为这个问题的模棱两可和错综复杂，DTI成立了一个工作组专门负责解决该标签法规存在的矛盾和混乱。南非将在2014年7月25日举行一次研讨会，该研讨会相当于一个与利益相关者协商的论坛，目的是把工作组提出的转基因标签法规修订方案确定下来。

因此，南非目前唯一的转基因产品标识要求就归在《食品、化妆品和消毒剂法》里。该法案只强制要求某些情况下的转基因食品需要进行标识，这些情况包括存在过敏原或人类/动物蛋白时以及转基因食品与非转基因食品差异显著时。该条款还要求证实转基因食品的改良特性（比如“更有营养”）声明。该法规未涉及非转基因产品声明的问题。

（二）法律法规及管理机构

1. 相关法规

（1）《1997年转基因生物法》。

《1997年转基因生物法》及其附属法规由南非农业、林业和渔业部作为南非主要转基因生物立法实施。依照《转基因生物法》，南非建立了决策机构（执行委员会）、顾问机构（顾问委员会）和行政机构（转基因生物注册处），目的是：①提供措施以促进负责任地开发、生产、使用和应用转基因生物。②确保涉及转基因生物使用的所有活动都是以尽量降低对环境、人类以及动物的健康造成危害的方式实施。③注重事故预防和废物有效管理。④针对涉及转基因生物使用的相关活动产生的潜在风险的发展和减轻制定双方措施。⑤确定风险评估的必要要求和标准。

⑥建立涉及转基因生物的使用的具体活动的通知程序。

2005年，内阁修订了《转基因生物法（1997年）》，以使之与《卡塔赫纳生物安全议定书》保持一致，并于2006年为了解决一些经济和环境问题再次修讯《转基因生物法》的这些修订于2007年4月17日公布，于2010年2月在执行法规公布后生效。修订的《转基因生物法》没有修改之前的前言，该前言确定了立法的基本总体宗旨，即，在促进基因工程的同时满足生物安全需求。

《转基因生物法》的修正案明确规定，科学的风险评估是决策制定的先决条件，并且授权执行委员会（EC）依照《国家环境管理法》确定环境影响评估是否必要。该修订案还允许在决策过程中考虑社会经济因素，并使这些考虑因素成为决策过程中的特别重要的因素。

修订案还制定了至少8条针对事故和/或意外越境转移的新规定。这些规定是因为全球范围内发生的涉及未获批转基因生物的多起污染事故而制定的。新规定对“事故”作了重新定义，定义中包括两类情形：一是转基因生物的意外越境转移；另一个是南非境内的意外环境释放。

总之，《转基因生物法》及其修订案的制定和实施为南非提供了决策制定的工具，使主管当局能够对涉及转基因生物的任何活动可能导致的潜在风险进行科学的个案评估。

（2）其他影响南非转基因生物的法规。

《国家环境管理生物多样性法》：《2004年国家环境管理生物多样性法》（简称《生物多样性法》）旨在保护南非的生物多样性不受特定的威胁，并且将转基因生物列为此种威胁之一。该法律还确保南非生物资源的利益共享。

该法律第78条规定，如果转基因生物可能给任何本地物种或环境造成威胁，那么环境事务部长有权拒绝《转基因生物法》发放的全面或试验释放许可，除非实施了环境评估。因为《生物多样性法》要求的原因，到目前为止，实施的转基因生物环境评估数量较少。

该法律还要求建立南非生物多样性协会（SANBI)。该协会负责监控和定期向环境事务部长报告已经释放到环境中的任何转基因生物的影响。立法要求对非靶标生物和生态进程的影响、本地生物资源以及用于农业的物种的生物多样性进行报告。

《消费者权益保护法》：2004 年颁布的卫生法规基本上遵循了《食品法典》科学原则。这些法规要求只在特定情况下对转基因食品进行强制性标识，包括存在过敏原或人/动物蛋白的情况以及转基因食品产品与非转基因同等产品存在显著差异的情况。这些法规还要求对转基因食品产品的增强特征（比如“更有营养”）的主张进行验证。法规没有针对产品不存在转基因的主张。

2009 年 4 月 24 日，总统签署并颁布了新的《消费者权益保护法》。但是，该法律的实施被延误了一段时间，因为该法律引起私营部门对法律中的许多规定的依据以及法律执行方式的不确定性的热议。新的《消费者权益保护法》规定南非食品饮料行业中的几乎所有产品标签都要改变。

2011 年 4 月 1 日，南非贸易与产业部（DTI）在政府公报中颁布了法规，将《消费者权益保护法》(68/2008）付诸实施。该法规将在法律启动后的 6 个月生效。该法律的主要目的是防止欺诈或伤害消费者，并促进消费者的社会福利。

生物安全议定书：南非已经签署和批准了《卡塔赫纳生物安全议定书》。执行议定书的主要责任已经从环境事务部转移给了农业、渔业和林业部（DAFF)。议定书的执行必须要循序渐进，因此，农业、渔业和林业部将分阶段实施该议定书，优先处理最重大的问题。南非在农业、渔业和林业部转基因生物监管局的领导下已经按照议定书的规定修改了《转基因生物法》。议定书可能会因为额外的政府程序要求而导致贸易速度放慢，但是长期来看不大可能减少转基因生物贸易。

2. 管理机构

(1) 基因工程委员会。

早在 1979 年，南非政府就成立了基因工程委员会（SAGENE），基因工程委员会（SAGENE）由一群杰出的南非科学家组成，担任着政府科学顾问机构的使命，并且为食品、农业和医疗的基因工程的发展铺平了道路。1989 年，在基因工程委员会（SAGENE）的建议下，南非实施了第一个露天田间转基因作物实验。1994 年 1 月，也就是南非第一次民主选举前几个月，基因工程委员会（SAGENE）被授予了法定权力，有权向任何部长、法定机构或政府机构提出有关转基因生物产品进口和/或上市的任何形式的立法或控制措施建议。结果，基因工程委员会（SAGENE）被要求负责起草南非转基因生物法。1996 年，《转基因生物法》草案公布并向公众征求意见，该草案于 1997 年被议会审核通过。然而，《转基因生物法》直到该法案的执行法规颁布之后才于 1999 年 12 月正式生效。在这个过渡时期内，基因工程委员会（SAGENE）继续担任转基因产品的主管，监管机构，并在其主持下授予孟山都公司转基因棉花和转基因玉米种子商业化许可证。此外，还针对各种转基因生物野外试验发放了 178 张许可证。《转基因生物法》生效后，基因工程委员会（SAGENE）立即解散，并被按照《转基因生物法》建立的执行委员会所取代。

(2) 执行委员会。

执行委员会是农业、林业和渔业部有关转基因生物事务的顾问机构，但更重要的是它是批准或拒绝转基因生物申请的决策制定机构。执行委员会还有权增选在科学领域有渊博知识的任何人加入执行委员会为政府提供建议。

执行委员会由南非政府内不同部门的代表组成，包括：农业、林业和渔业部；水和环境事务部；卫生部；贸易与产业部；科学技术部；劳动部；艺术文化部。

在对转基因生物申请做出决策之前，执行委员会必须向顾问委员会（AC）咨询。顾问委员会的主席是执行委员会的一员。执行委员会制定的决策必须由其所有成员协商一致，如果意见不一致，则向执行委员会提交的申请将被视为已经被拒绝。因此，执行委员会的所有代表都必须具备生物技术和生物安全的丰富知识。

(3) 顾问委员会。

顾问委员会是由农业、林业和渔业部任命的10名科学家组成。执行委员会可以对顾问委员会成员的任命发表意见，最近，因为公众抗议顾问委员会的部分成员（其中许多是前基因工程委员会（SAGENE）成员）也同时是赞成转基因生物的游说团体Africabio的成员，执行委员会因此撤换了顾问委员会中的一些成员。

顾问委员会的作用是就转基因生物申请向执行委员会提供建议。顾问委员会下设小组委员会，小组委员会的成员是来自各学科领域的专业人员。顾问委员会和小组委员会成员一同负责对与食物、饲料和环境影响相关的所有申请进行风险评估，并向执行委员会提交建议。

(4) 登记主任。

登记主任由农业、林业和渔业部长任命，负责《转基因法》的日常管理工作。登记主任按照执行委员会下达的指令和条件开展工作。登记主任还负责审查申请书以确保符合该法律的规定、签发许可证、修订和撤销许可证、保存登记簿和监控用于受控使用的所有设施和试验发放点。

3. 转基因生物监管方式

(1) 复合性状事件的监管处理。

南非规定对于聚合了两种已经批准的性状（比如耐除草剂和抗虫）的植物需要进行额外的审批。这一要求意味着即使单个性状已经获得批准，企业实际上需要对复合性状事件重新开始审批流程。

(2) 共存的监管处理。

在南非，共存问题一直以来不是一个必须要引入特定指导准则或法规的问题。政府将获批转基因大田作物的管理交给农民。南非目前还没有制定《国家有机物标准》。

（三）商业化情况

南非当前商业化生产的所有转基因事件都来自美国。这些转基因作物包括玉米、大豆和棉花。其性状主要为抗虫、耐除草剂及其复合性状。

自南非转基因作物种植以来，其种植面积不断增加。然后由于南非种植条件的不稳定性，估计 2014 年南非转基因面积稍有减少（7%），由 2013 年的 290 万公顷降低至 270 万公顷。

玉米是南非的主要农田作物，用于食用（主要是白玉米）和动物饲料（主要是黄玉米）。据估计，2014 年南非玉米总种植面积为 250 万公顷，其中 214 万公顷（86%）为转基因玉米。其中 60 万公顷（28%）为抗虫基因玉米，41 万公顷（19%）为耐除草剂基因玉米，113 万公顷（53%）为抗虫基因和耐除草剂基因叠加性状玉米。

大豆作为具有轮作优势的作物，具有改善土壤的特性。其总种植面积由 2013 年的 520 000 公顷增加到 2014 年的 600 000 公顷。其中 92%（约 552 000 公顷）为转基因大豆（耐除草剂大豆）。转基因棉花种植面积也有少量增加，由 2013 年的 8 000 公顷增加到 9 000 公顷。

（四）转基因标识

2011 年颁布的《消费者权益保护法》规定所有含有转基因材料的产品都必须要标识［第 24（6）条］。根据该法律的规定：所有含有 5%以上转基因成分的食品（不论是否在南非生产）都必须带有“包含至少 5%的转基因生物”的声明，该声明必须具有显著和容易识别的方式和字体大小；含有不到5%的转基因生物的产品应标识为“转基因成分低于5%”；如果无法或者不可能检测货物中是否存在转基因生物，则产品必须要标明“可能含有转基因成分”；转基因成分低于1%，可以标识为“不含有转基因生物”。

所有国产和进口的食品产品都需要执行转基因强制标签规定。贸易与产业部作出强制性的转基因标签规定的唯一目的就是为了保障消费者的知情权，从而能够做出有关食品的明智选择或决策。因此，该规定并不是基于人体健康、安全或质量方面的考虑。

此外，新法律要求对产品责任做出重大变更，消费者因此不需要证明生产商存在疏忽责任就可以获得损害赔偿。新法律将举证责任转移给了生产商或供应商，意味着消费者可以因为产品故障、缺陷或不安全而对任何生产商或供应商提出伤害或损害索赔。几乎每一家供应商都必须要遵守该法案，即使供应商不在南非。外国生产商如果通过南非代理商销售在南非使用的产品也将纳入到该法案范围内。

这些法规可能不仅对地区贸易造成重大影响，对于美国向南非的出口业务也同样会造成显著影响，因为所有产品都必须要贴标签，生产商和/或供应商会对其产品可能造成的任何所谓的伤害负责。南非生物技术利益相关方还担心条款的范围以及已经注册和批准在南非共和国使用的转基因产品（如某些品种的玉米、大豆和棉花）是否需要进行标识。

南非被认为是非洲生物技术领域的领先者，许多邻国在生物技术政策和方向上都向南非看齐。虽然南非是美国的盟友，采取了以科学为基础并且开展以前瞻性的转基因生物委员会和顾问委员会为依托的积极的生物安全政策，但是缺乏相关科学认识的党派可能会制定和颁布影响当前转基因生物安全立法的执行的法律。而其他国家都向南非寻求指导，所以他们也可能采取类似的立法，进而影响到贸易。

（五）研发现状

南非致力于生物技术研发事业已有30多年时间，一直是非洲大陆的生物技术领导者。其正在开发的转基因作物如下：

1. 葡萄

南非葡萄酒和鲜食葡萄行业正在研究开发转基因葡萄。研究的重点是开发抗真菌、抗病毒葡萄和葡萄的代谢工程，目的是提高逆境抗性并提高葡萄浆果质量，如颜色和香味。多个转基因葡萄品系正在温室试验中进行评估。2006年，Stellenbosch大学的葡萄酒生物技术研究所申请在南非实施首次转基因葡萄田间试验的许可证。该项试验的目标是评估大田条件下转基因葡萄的形态、生长和水果质量。2007年9月，顾问委员会（AC）评估了该申请并向申请人提出了许多有关试验的问题。申请人回答了这些问题，2009年9月最终获得了田间试验许可证。葡萄酒是南非出口到美国的主要农产品之一，每年出口价值总额约4 000万美元。

2. Bt马铃薯

2009年，南非农业研究委员会（ARC）和美国密歇根州立大学联合开发的抗块茎蛾虫Bt马铃薯“SpuntaG2”被执行委员会拒绝全面释放。执行委员会根据安全和经济上的理由驳回了该马铃薯释放的许可证申请。农业研究委员会于2009年10月对执行委员会的决定提出了上诉。上诉裁决目前仍待定。

SpuntaG2马铃薯包含了来自土壤细菌苏云金芽孢杆菌的基因，该基因能够像一种内置杀虫剂作用于抗块茎蛾虫（马铃薯麦蛾）。2008年，蛾虫导致马铃薯行业损失4 000万兰德（500万美元）。科学家们希望这种马铃薯能够让农民降低农药用量、降低成本并改善环境。

3. 木薯

南非农业研究委员会（ARC）收到了增强淀粉木薯品种的

封闭使用授权。该作物的主要目标是生产一种工业化淀粉作物，并以此提高南非和该地区的就业和收入。美国国际开发署/南非在过去两年里为该研究资助了 80 万美元，进一步开发和推广用于工业淀粉生产的转基因抗虫木薯品种。该项目正在由密歇根州立大学与国际农业研究咨询团体（CGIAR）协作管理。

4. 高粱

转基因高粱的封闭温室设施测试的申请在由于技术上的原因两次被南非转基因生物执行委员会否定后最终获得许可。科学和工业研究委员会（CSIR）将继续在 3 级生物安全温室内实施非洲生物强化高粱项目（ABS）。

利用基因工程和传统的植物育种方法，科学家们希望开发出一种更容易消化的具有更高水平维生素 A、维生素 E、铁、锌和人体必需氨基酸的高粱品系。位于肯尼亚的非洲收获生物技术国际基金会将继续领导该项研究。

5. 糖

南非甘蔗研究所（SASRI）品种改良计划通过运营和研究来协助开发和推出具有加工商和种植者都需要的蔗糖含量、产量、抗虫害和疾病、农艺和研磨特性的甘蔗品种。

该计划的基础是植物育种项目，项目由 3 项互为补充的子项目构成，即育种、选种、扩繁和发放，最终提供适合行业内各种农业生物气候地区需求的品种，同时也考虑到病虫害的影响和加工企业的需求。优良品种的开发由一系列研究项目作为补充，这些项目根据国际技术发展趋势（包括甘蔗和其他农作物）推进和完善品种改良过程。

6. 其他研究

目前正在针对玉米和棉花的抗虫性和/或耐除草剂以及玉米长期耐旱能力进行研究。农业研究委员会还正在开展一种万年青属观赏型鳞茎植物的转基因病毒抗性选择研究。

十、韩　国

（一）概　况

韩国本国的转基因作物尚未商业化生产。韩国进口转基因作物作为食品、饲料加工原料，但不用于种植。美国近年来是韩国市场上转基因谷物和油料的最大供应商。

韩国对进口转基因谷物和动物的运作均遵循《转基因生物法案》。多个部门负责转基因的安全评价、审批与监管。监管部门涉及贸易/工业和能源部、农业/食品及农村事务部、农村发展管理局、动植物和渔业检验检疫局、国家农产品质量服务部门、海洋和渔业部、国家渔业研究与发展研究所、卫生和福利部、韩国疾病控制及预防中心、食品与药品安全部、环境部、国家环境研究所、科技/通信技术及未来规划部。生物安全委员会隶属于贸易、工业和能源部，对进/出口转基因生物进行审核，并协调相关部委之间的意见分歧。

转基因作物需要通过食品和环境风险评估（ERA）方能获得批准。评价过程涉及了多个机构。食品和药品安全部颁发三类审批书：一类“完全批准”和两类“条件批准”。截止 2014 年 7 月，该部在 133 项申请中为 111 个转化事件颁发了食品安全许可。同时，农村发展管理局在 124 项申请中批准了 97 个转化事件用于饲料。

为了维护消费者的知情权，韩国实行强制标识制度。未加工转基因农产品的标识管理由食品和药品安全部负责。对于加工产品的 27 类食品，如果转基因成分含量排在该食品的前 5 名，应明确标识。转基因的精炼成分如大豆油、高果糖玉米糖浆和粗糖中检测不到外源蛋白，无需标识。但是非政府组织和消费者组织不断给食品和药品安全部施加压力，要求扩大标识范围，对上述成分也进行标识。如果国民大会通过了该法案，将对贸易带来巨大的影响，并会引起通货膨胀。《饲料指南》于2007年修订，要求零售商对含有转基因成分的动物饲料进行包装并标以转基因标签。韩国允许在非转基因产品如传统食品级大豆中存在3%已获批准的转基因作物。该阈值也适用于转基因加工产品的标识。对未批准的转基因作物，允许在非转基因货物中存在0.5%混杂。

各政府机构、大学和私营实体主导转基因作物的研发。研究方向主要集中在抗旱、抗病、提高营养及转化方法的研究等。公立在研的有144个转基因事件（16不同品种），其中有于3个作物的6个转化事件正在进行安全评价试验。私营部门也在进行转基因作物研究。在研的约60多个品种，大多数处于实验室阶段，其中抗病毒辣椒进展快速，但研发者犹豫是否要提交环境风险评估申报。

（二）法律法规及管理机构

1. 法律法规

韩国于2007年10月批准《卡塔赫纳生物安全议定书(CPB)》。于2008年1月实施《转基因生物法案》(Living Modified Organism Act)，该法案是生物技术相关领域规章制度的基本法，也是从立法层面对CPB的履行。韩国对进口转基因谷物和动物的运作均遵循《转基因生物法案》。生效之前，《转基因生物法案》经历了很长时间的酝酿。贸易、工业和能源部早于2001年便着手起草该法案及相关配套制度，并于2005年公开征求公众意见。草案于2006年定稿，直至2008年才试行，经过几番尝试，在贸易、工业和能源部2012年12月颁布了《转基因生物法案》第一版及修订的实施条例，并明确规定了什么是复合性状转化事件。法规没有明确区分食品饲料加工用途（FFP）和种植用途的转基因产品，没有简化冗重的评审过程，也未对“低水平混杂”进行明确定义。

2013年4月，工业和能源部推行了“确实包含”原则，修订了转基因生物用于食品和饲料加工的审批规定。修订后的形式明确规定了FFP的“可能包含”原则，克服了现有法规中操作和原则不衔接的弱点。

2. 管理机构

(1) 政府部门及职责。

贸易、工业和能源部（MOTIE）：是《卡塔赫纳生物安全议定书（CPB）》的主管机构，负责《转基因生物法案》的颁布，并对工业用途的转基因生物的开发、生产、进口、出口、销售、运输、贮存进行监管。

外事部（MOFA）：是《卡塔赫纳生物安全议定书（CPB）》的联络当局。

农业、食品及农村事务部（MAFRA）：负责与农/林/畜业转基因生物相关的进/出口事项。

农村发展管理局（RDA）：归口农业、食品及农村事务部。负责转基因作物的环境风险评估，环境风险咨询，担负对国内转基因研发者的引导工作。

动物、植物和渔业检验检疫局（QIA）：归口农业、食品及农村事务部。在入境口岸对农业转基因生物进行检验。

国家农产品质量服务部门（NAQS）：归口农业、食品及农村事务部。对用于饲料的转基因生物发放进口许可。

海洋和渔业部（MOF）：负责海洋转基因生物贸易的相关事项，如转基因生物风险评估。

国家渔业研究与发展研究所（NFRDI）：归口海洋和渔业部。负责渔业进口批准以及对海洋环境中转基因生物的咨询工作。

卫生和福利部（MHW）：负责卫生和药物用途的转基因生物进/出口事宜，包括转基因生物对人类健康影响的风险评估。

韩国疾病控制及预防中心（KCDC）：负责转基因生物对人类健康影响的咨询工作。

食品与药品安全部（MFDS）：归口总理办公室。负责对农用、药用和医疗器械相关的转基因生物的进/出口事宜；发放转基因生物食品安全许可；实施含有转基因成分的加工和未加工食品的标识。

环境部（MOE）：负责环境整治或环境释放用途（非种植生产用途）的转基因生物贸易相关事宜，工作内容包括转基因生物的环境安全评价。

国家环境研究所（NIER）：归口环境部，负责环境部管辖范围内的转基因生物进口许可，并负责环境风险咨询。

科技、通信技术及未来规划部（MSIP）：负责实验研究用途的转基因生物的贸易相关事易，工作内容包括对其进行转基因风险评估。

(2) 生物安全委员会。

根据《转基因生物法案》第31条，生物安全委员会（简称“安委会”）成立于2008年，隶属于部长办公室，后于2013年移至贸易、工业和能源部。安委会对进/出口转基因生物如下方面进行审核：执行《卡塔赫纳生物安全议定书》的相关规定；建立和实施转基因生物安全管理体系和方法；申报未被批准的情况下，在申报人申述时，安委会根据《转基因生物法案》第18条和第22条进行复审；转基因生物安全管理、进口、出口等的立法、公告等事宜；避免及降低转基因带来损害的防御措施；安委会主席及主管当局负责人提出的其他要求。

贸易、工业和能源部是安委会的主席单位。安委会有15～20位成员，其中有8个相关部委的副部长，安委会可设立小组委员会和技术委员会。私营部门也可参与安委会。

安委会最重要的职责是协调相关部委的观点和立场。由于各部委在各自领域的权限和责任不同，很难就某一问题达成一致。当发生分歧时，贸易、工业和能源部部长会召集会议解决问题。会议不定时召开。

3. 审批

转基因作物需要通过食品和环境风险评估（ERA）方能获

得批准。尽管审批侧重于环境评估而非动物健康影响，ERA有时也用于饲料用途的审批。

整个评价过程涉及多个机构。农村发展管理局对用于饲料的谷物实施环境安全评估，并咨询国家环境研究所、国家渔业研发所和韩国疾控中心三家机构。同时，食品与药品安全部进行转基因谷物的食品安全评价，该部门审核过程中向农村发展管理局、国家环境研究所和国家渔业研发所咨询。

不同机构审核时存在交错，特别是在食品和药品安全部和国家疾控中心之间来回审核，繁多的数据和重复工作导致了混淆和审批延迟。

食品和药品安全部颁发三类审批书："完全批准"和两类"条件批准"；"完全批准"发放给用于人类消费的、商业化生产的转基因作物；"条件批准"发给停产或非商业化应用于人类消费的作物。

截止到2014年7月，食品和药品安全部在133项申请中为111个转化事件颁发了食品安全许可。同时，农村发展管理局在124项申请中批准了97个转化事件用于饲料。

韩国尚未批准转基因作物商业化种植。2008年国内研发机构向农村发展管理局递交了园林用途转基因草的申请，最初因数据不充分而遭驳回；于2010年补充数据后重新申请，并于2012撤回；申请正在进行中。

4. 复合性状的审批

如符合以下标准，对复合性状的转基因作物不要求提供全部的评价资料：

（1）亲本的外源性状已获得批准。

（2）指定的性状、摄入量、可食部位和加工方法在复合性状株系与相应非转基因对照间无差异。

（3）无亚种间异交。

2007年发布的《合并公告》涉及复合性状关于环境风险评

估的条款，需要向农村发展管理局提出如下材料：

（1）外源性状间是否互作。

（2）对复合性状株系合理的描述。

（3）对上述条款1和条款2的评价。

韩国从2001年7月30日起规定，对于生产、加工和进口的27类食品及食品添加剂（包括大豆及玉米制品等），其制造过程中使用的5种主要原材料中，只要有一种或一种以上为转基因技术种植、培育及养殖的农、畜、水产品，且外源DNA或产物蛋白质存留在最终产品中时，均须进行标识。

韩国安全评价审批流程图（图10-1）：

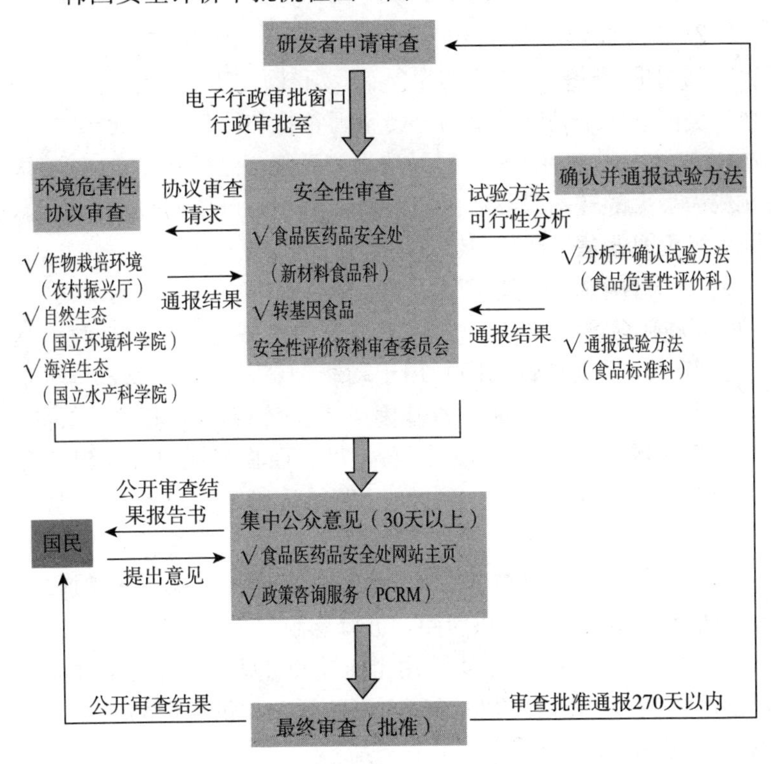

图10-1　转基因食品安全性评价审查流程图

由食药厅组建审查委员会。最多由 15 人组成，委员会成员需要具有农业、植物病理、分子生物学或生态学背景；转基因生物的食用安全评价。

（三）商业化情况

1. 商业生产

随着生物技术的不断进步和持续发展，韩国政府、大学和科研机构培育了一些转基因作物，但至今仍未商业化。总体来看，韩国转基因农产品尚处于建立健全转基因生物安全检测与标识法规体系阶段。

2. 进/出口

韩国进口转基因作物作为食品、饲料加工原料，但不用于种植。美国近年来是韩国市场上转基因谷物和油料的最大供应商。2012 年美国本土的严重干旱导致出口受限，之后在 2014 年美国又成为最大的转基因谷物供应商。韩国不出口任何转基因作物，因为尚无商业化生产任何转基因作物。

2013 年，韩国进口 870 万吨玉米，其中 680 万吨用于饲料，190 万吨用于食品加工。从美国进口的上限为 192 220 吨，其中过半（几乎全是转基因）用于动物饲料，少半（2/3 是转基因）用于食品加工。由于转基因玉米比传统的玉米成本低廉，且更容易在全球市场上获得原料，尽管面临当地非政府组织和消费者群体越来越大的压力，一些食品加工商仍使用转基因玉米。

2013 年，韩国进口 110 万吨大豆，其中 3/4 用于压榨加工。美国是韩国最大的大豆供应商，进口总额 553 120 吨（占总进口量的 48%），其中 342 334 吨用于压榨和 207 258 吨用于食品加工或长豆芽。2013 年进口了 170 万吨豆粕。供应商为巴西、印度、中国和美国。

（四）转基因标识

1. 概况

未加工转基因农产品的标识管理由食品和药品安全部负责。转基因标识旨在尊重消费者的知情权。目前，该部负责制订未加工和加工转基因食品的标识指南，并强制执行。用于人类消费的未加工的转基因食品及含有转基因成分的加工食品须标有“转基因”字样。

食品和药品安全部规定，对于加工产品（包括成品）的 27 类食品，如果转基因成分含量排在该食品成分含量的前 5 名，应明确标识。转基因的精炼成分如大豆油、高果糖玉米糖浆和粗糖中检测不到外源蛋白，无需标识。但是非政府组织和消费者组织不断给食品和药品安全部施加压力，要求扩大标识范围，对上述成分也进行标识。

在消费者组织强大的压力下，食品和药品安全部提交了扩大转基因产品标识范围的议案，目前此提议尚在总理办公室（Prime Minister's Office）待审议。2013 年，立法部门向国民大会提交了另三份扩大转基因产品标识范围的草案，扩大到对油、糖浆的标识（这两种成分在转基因产品中检测不到）。如果国民大会通过了该法案，将对贸易带来巨大的影响，并会引起通货膨胀。

食品行业主张食品和药品安全部弱化对“扩大标识范围”的强化力度。目前仍无科学的、可验证的方法来辨别虚假标签（标有“非转基因”的食用油或糖浆实际来自转基因作物），国内食品行业要求，除非有可行的检测方法，或建立体系以防止假冒标识进入韩国，食品和药品安全部应延迟扩大标识范围。另外，国内食品行为担心此项议提会误导消费者，并提高产品成本。

《饲料指南》于 2007 年修订，要求零售商对含有转基因成分的动物饲料进行包装并标以转基因标签，该指南于当年实施。韩国几乎所有饲料均含有转基因成分，且行业内均遵照执行，目前尚未出现问题。

2. 标识办法

大宗谷物的转基因标识办法如下：

（1）对于含有100%未加工转基因作物且用于人类消费的货物，须标明“转基因××”字样，如“转基因大豆”。

（2）对于含有转基因作物的货物，须标明“含有转基因××”字样，如“含有转基因大豆”。

（3）对于可能含有转基因作物的货物，须标明“可能含有转基因××”字样，如“可能含有转基因大豆”。

转基因加工产品的标识办法：

（1）含有（非100%）转基因玉米或大豆的食品，须标明“转基因食品”或“含有转基因玉米或大豆”。

（2）可能含有转基因玉米或大豆的食品，须标明“可能含有转基因玉米或大豆”。

（3）对于玉米或大豆的食品，100%来源于转基因玉米或大豆的，须标明“转基因玉米或大豆”。

3. 转基因产品无意混杂问题

韩国允许在非转基因产品如传统食品级大豆中存在3%已获批准的转基因作物。该阈值也适用于转基因加工产品的标识。

对未批准的转基因作物，允许在非转基因货物中存在0.5%混杂。

韩国规定若食品中前5种含量最高的食品成分，该成分中转基因成分的含量超过3%时，需对该食品进行标识。泰国则规定若食品中前3种含量超过5%的食品成分，该成分中转基因成分的含量超过该成分的5%时，需对该食品进行标识。

韩国也规定即使是转基因产品，只要终产品中不含外源DNA或蛋白质则不需标识，如大豆酱油和食用油等。

（五）研发现状

出于对转基因食品的敏感性，与农用产品相比，消费者对非农用的转基因产品（如药物）更放心。

各政府机构、大学和私营实体主导转基因作物的研发。研究方向主要集中在抗旱、抗病、提高营养及转化方法的研究等。农村发展管理局在 2013 年批准了 273 项田间试验，这些试验将在指定的评估单位和私营实体开展。

学术界和政府的专家不断发表转基因作物有关的文章。例如，对当地科技期刊的调查显示在 1990—2007 年间共发表了 380 篇与转基因作物相关的文章，其中 99 篇与烟草有关，45 篇与水稻有关，29 篇与马铃薯有关。

公立在研的有 144 个转基因事件（16 不同品种），包括：富食白藜芦醇的水稻、富含 V_A 的水稻、抗虫水稻、耐逆境胁迫的水稻、抗病辣椒、维生素 E 丰富的豆类、抗虫大豆、耐除草剂的草、抗病马铃薯、抗病大白菜、抗病西瓜、抗病红薯及抗病苹果。其中有 3 个作物的 6 个转化事件（4 个水稻、1 个辣椒和白菜 1 个）正在进行安全评价试验，收集生物安全数据。富含白藜芦醇的水稻（白藜芦醇可以作为多酚抗氧化剂预防心脏病）和抗病辣椒研发迅速最快，但是 2014 年的申报计划被推迟。

私营部门也在进行转基因作物研究。在研的约 60 多个品种，大多数处于实验室阶段。抗病毒辣椒进展快速，但研发者犹豫是否要提交环境风险评估申报。

最早且最有可通能过审批的是耐除草剂抗性的草、抗病毒辣椒或白藜芦醇富集的水稻，但商业化需要更长时间。

资料来源：美国农业部外国农业服务组织全球农业信息网络，2014 年 7 月 15 日。

十一、>>>

菲 律 宾

（一）概　况

菲律宾是东南亚国家联盟（ASEAN）区域内首个建立转基因作物监管体系的国家。菲律宾于2003年批准了第一个转基因作物——转基因玉米的种植，是唯一一个批准和种植转基因饲料作物的国家。直到今日菲律宾一直处于该区域生物技术研发和商业化的领先位置，同时也是拥有详尽的以科学为基础的转基因法规政策的模范国家。

自2003年开始，转基因玉米开始在菲律宾销售到2013年其种植面积达到菲律宾玉米总种植面积的28%。依据转基因玉米在菲律宾过去十年间无一例环境和健康案例的成功繁育，菲律宾政府称菲律宾的谷物供应实现了自给自足。另外加上黄金大米和转基因Bt抗虫茄子商业化进程的快速发展，菲律宾成为了首个实现转基因作物本土商业化种植的东南亚国家。

1990年第430号行政令，2002年第8号行政令，2006年第514号行政令的发布，以及2008年菲律宾生物安全资讯中心（BCH Pilipinas）的正式运行，菲律宾生物技术监管体系从建立到不断完善，被作为东盟区域以及亚洲以外其他发展中国家的范本被参考。

目前菲律宾种植了大约250万公顷转基因玉米，它依旧是亚洲唯一一个批准种植主要饲用作物的亚洲国家。菲律宾在2014年由于转基因玉米的种植面积不断扩大也预示着其正在迈入转基因大国的行列。

目前在菲律宾并没有转基因动物的研发进行或在预期未来商业化进入市场，因此也没有建立关于转基因动物、畜禽产品的相关法律法规。

（二）法律法规及管理机构

菲律宾转基因作物法规遵循《卡塔赫纳生物安全议定书》以及法典委员会的规范与准则，相关法规是不断被评估并完善以确保遵循国际公认标准和最佳实践的。菲律宾是在东南亚国家联盟（ASEAN）区域完成转基因作物法规体系的第一个国家。这个体系已经被作为东盟区域以及亚洲以外的其他发展中国家的范本被参考。

1. 菲律宾转基因作物监管体系的发展历史

1990 年，第 430 号行政令的发布代表着菲律宾生物技术法规体系的建立，同时这一行政令的发布还成立了菲律宾国家生物安全委员会（NCBP）。

2002 年，农业局（DA）发布的第 8 号行政令为其生物技术作物商业化种植提供了法规基础。

2006 年，第 514 号行政令的发布进一步强化了 NCBP 并建立了国家生物安全体系。

2008 年，菲律宾还正式运行了生物安全资讯中心（BCH Pilipinas），作为卡塔赫纳生物安全议定书（CPB）框架下建立的生物安全资讯中心的菲律宾交换所。

2. 菲律宾国家生物安全委员会的建立与沿革

1990 年第 430 号行政令建立了菲律宾生物技术法规体系和菲律宾国家生物安全委员会（NCBP），负责转基因植物及植物产品的监管，具体情况见图 11-1。

2006 年 3 月 17 日第 514 号行政令发布，建立了国家生物安全体系；描述现有的法规体系；建立拥有政策制定权力和更多的会员的新国家生物安全委员会（NCBP）；确定了有效的国家级

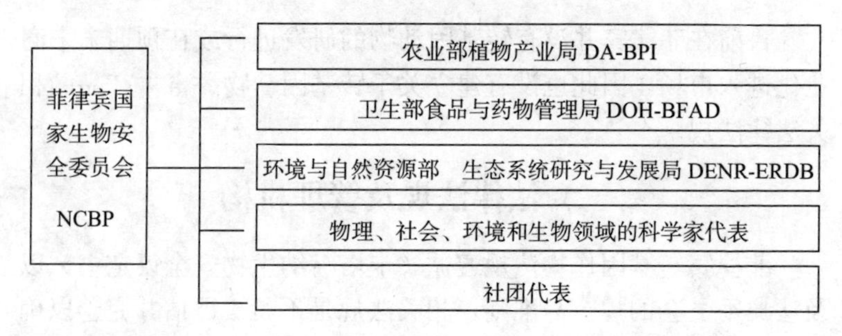

图 11-1　1990 年建立的菲律宾国家生物安全委员会组成

法规监管部门；描述各成员部门的法规作用；建立解决法规间相互重叠和冲突的体系（图 11-2）。

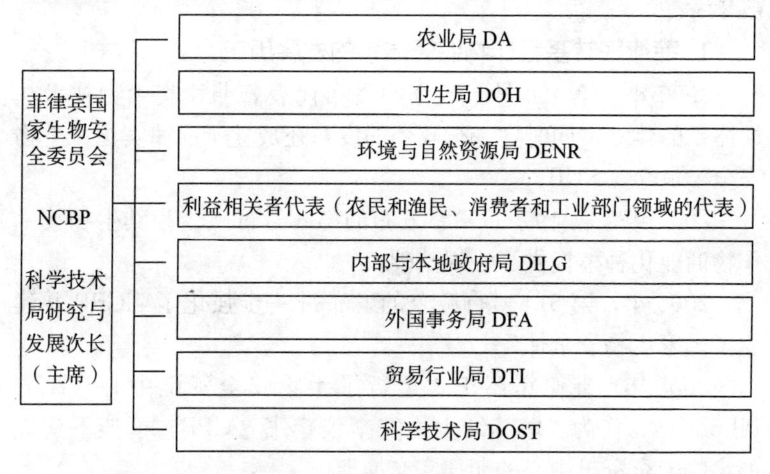

图 11-2　2006 年修改后的菲律宾国家生物安全委员会组成

3. 转基因生物安全管理条例

第 8 号行政令（2002）。

2002 年农业局（DA）发布的第 8 号行政令规定了转基因植物或植物产品进口和逐步释放到环境的监管步骤（图 11-3）。根据第 8 号行政令规定，风险/安全评价的准则包括：以科学为基础的；通过比较转基因作物及其非转基因对照来确认安全性问题；个案原则；基于已有信息，无可用信息以及共识不存在安全性问题等情况来做决定；基于新信息的审查决定。

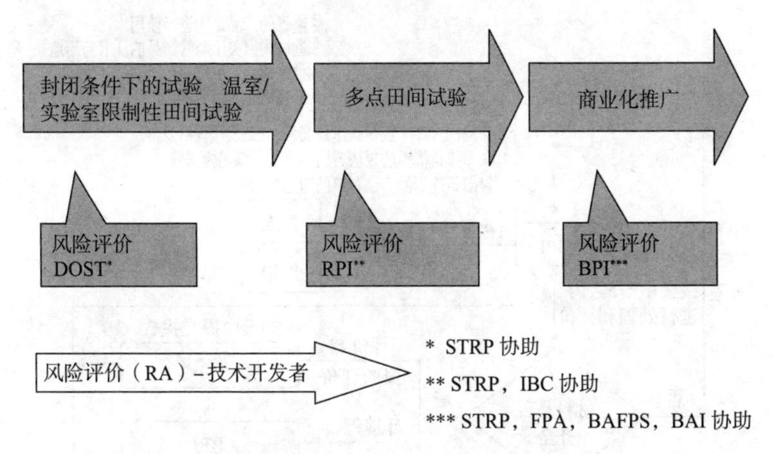

图 11-3　转基因植物或植物产品释放到环境的监管步骤

a. 申请进口用于封闭条件下的温室或实验室使用（图 11-4）

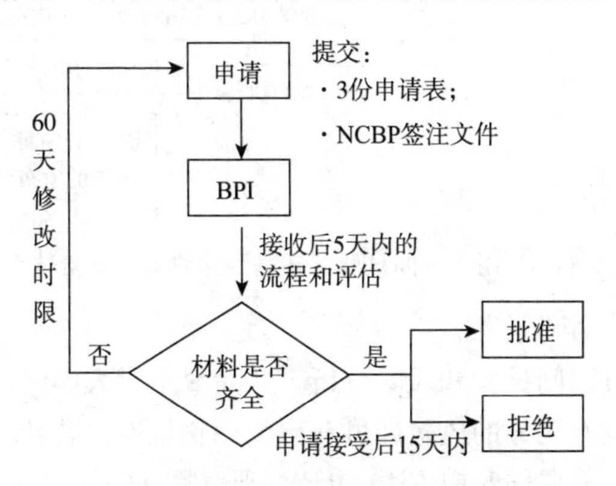

图 11-4　进口用于封闭条件下的温室或实验室转基因作物安全评价体系

批准是基于 DOST-BC 安全性要求下合规进行。

b. 用于田间试验

批准是基于封闭条件下的安全性评价获得满意结果的情况（图 11-5）。

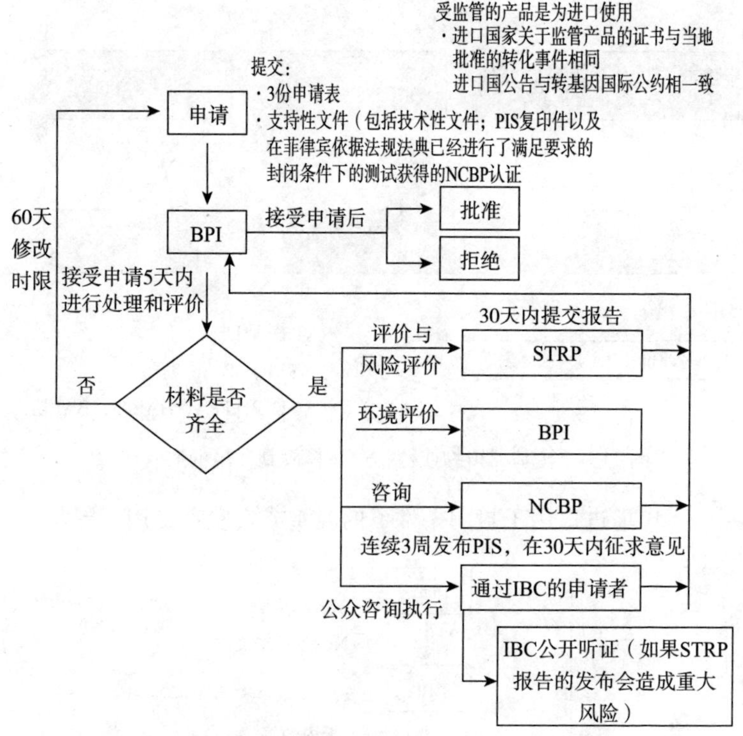

图 11-5　用于田间试验的转基因作物安全评价体系

c. 用于商业化推广

当通过田间试验和风险分析，产品显示对人类，动物的健康和对环境没有明显的风险即可获得商业化批准。若转基因作物是抗虫作物，需要同时向 FPA 申请注册（图 11-6）。

d. 直接用于食物、饲料或加工用品

受监管产品的进口只有其在原产国已经被授权允许作为食用或饲用进行商业化使用，并被证明对人类和动物健康无明显危害（图 11-7）。

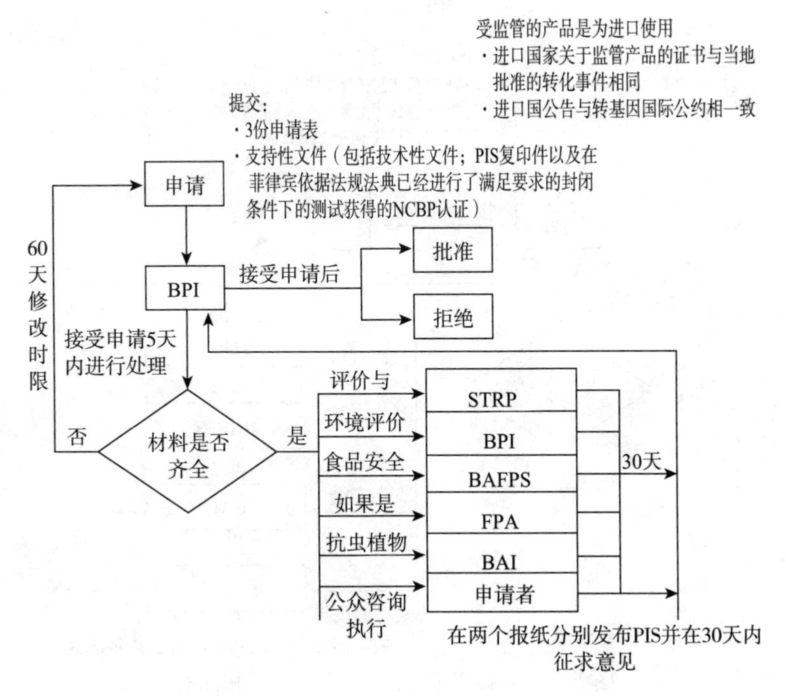

图 11-6　用于商业化推广的转基因作物安全评价体系

表 11-1　安全评价和监管部门的职责

部　　门	职　　责
植物产业局 BPI	递交申请和批件发放的唯一领导部门
农业与渔业产品标准局 BAFPS	负责食用安全评价
动物产业局 BAI	负责饲用安全评价
肥料和农药机构 FPA	抗虫植物的评价
科学与技术审查委员会 STRP	非农业部专家组，来自认证实验室和外部专家
机构性生物安全委员会 IBC	由执行转基因作物田间试验的机构组成，直接监管或负责各阶段的田间试验，由 3 个科学家和 2 个社区代表组成

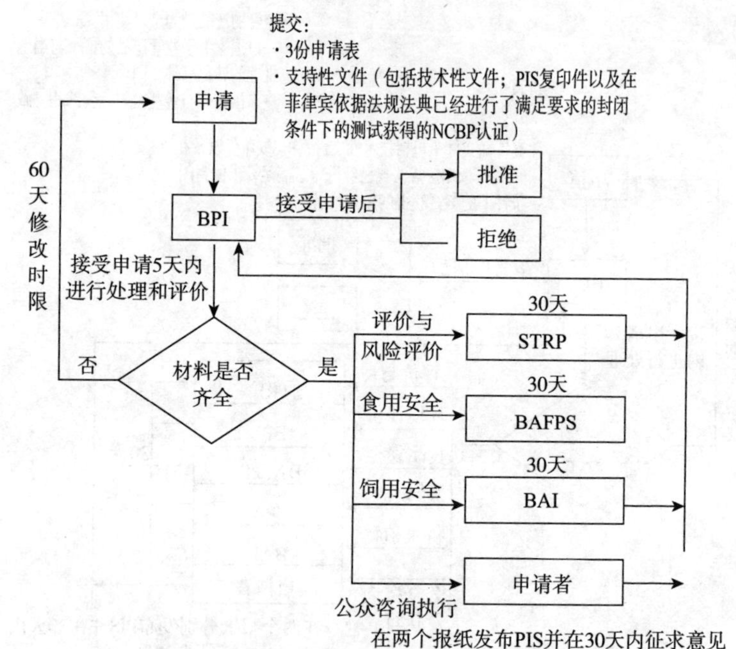

图 11-7　直接用于食物、饲料或加工用品的转基因作物安全评价体系

（三）商业化情况

1. 种植情况

2003 年转基因玉米在菲律宾批准商业化种植开始，至今仍然是菲律宾商业化种植的唯一的转基因作物，菲律宾转基因玉米的种植面积每年持续增加（图 11-8）。

2014 年，菲律宾转基因玉米的种植面积预计会增加到 83.1 万公顷，比 2013 年转基因玉米种植面积的 79.5 万公顷扩大了 5%。

2. 商业化种植产品发展情况和趋势

2006 年复合性状转基因玉米开始被引入菲律宾种植。

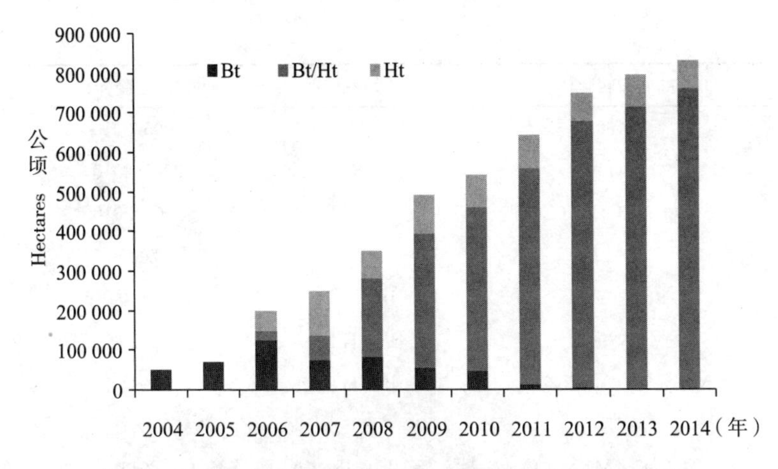

图 11-8　菲律宾转基因玉米种植面积增长，2003—2014 年
（James，2015）

相对于单性状转基因玉米品种，由于复合性状产品带给农户的卓越收益，其更受农户欢迎。这使得菲律宾单性状和复合性状转基因玉米产品的商业化种植情况不断变化。

特别是 2014 年复合性状抗虫/抗除草剂（Bt/HT）玉米种植面积由 2013 年的 71.2 万公顷增长到 76.1 万公顷，占到了 2014 年转基因玉米种植面积的 95%。与此同时，单性状 Bt 抗虫玉米的种植面积在不断较少，2008—2009 年减少 32%，到 2012 年减少 76%（只有 3 000 公顷），甚至发展到 2013 年和 2014 年，单性状转基因玉米品种在菲律宾国内被放弃种植。

自 2002 年至今，菲律宾共有 13 个转基因玉米性状的商业化种植申请被批准，具体情况如表 11-2 所示。

表 11-2　2002—2014 年菲律宾批准的转基因玉米性状

批准的转化体	性状	批准/更新年份
MON810	IR	2002/2007
MON863× MON810	IR	2004

（续）

批准的转化体	性状	批准/更新年份
NK603	HT	2005/2010
Bt11	IR	2005/2010
MON810×NK603	IR/ HT	2005/2010
GA21	HT	2009
Bt11/GA21	IR/ HT	2010
MON89034	IR/ HT	2010
MON89034× NK603	IR/ HT	2011
TC1507	HT	2013
TC1507×MON810	HT/IR	2014
TC1507×MON810×NK603	HT/IR	2014
TC1507×NK603	HT	2014

IR——抗虫；HT——抗除草剂

3. 菲律宾采用转基因玉米的原因

(1) 菲律宾的玉米产量和农户的收入在转基因玉米商业化种植后有了很大的提高。

根据 Nat'l Corn Comp Board Website 的数据显示，转基因玉米的种植令菲律宾的玉米产量有一个很大的增长趋势，见图 11-9。菲律宾于 2012 年实现自给自足，并实现出口，且出口量逐年增长，玉米青贮出口至韩国 2013 年 5 月为 24 吨，2013 年 8 月为 40 吨，2014 年全年增长至 1 080 吨。

转基因玉米商业化种植后，也给菲律宾带来了巨大的收益。如图 10 所示，2003—2013 年，在菲律宾转基因玉米的种植带来的农户水平上的经济效益基本上达到了 4.7 亿美元，仅仅是 2013 年一年，转基因玉米的全国净利润大约在 9 200 万美元。

(2) 抗虫玉米给菲律宾带来益处。

根据 Gonzales（2005），Yorobe（2006）的研究显示，2003

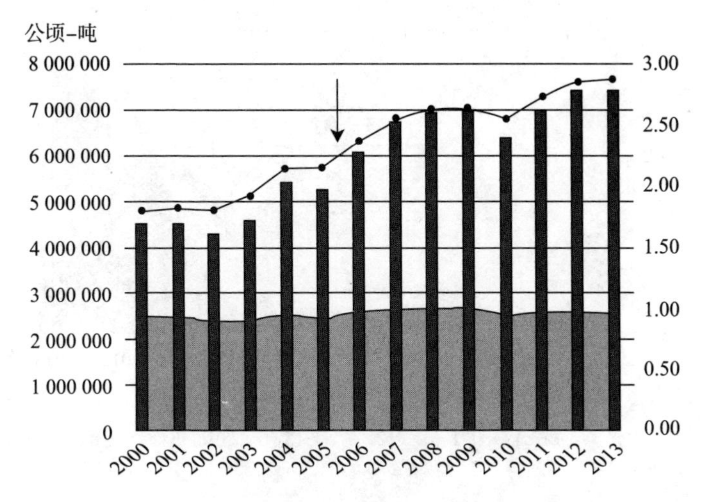

图 11-9　2000—2013 年菲律宾玉米产量

数据来源：农业部农业统计局

年以来，转基因抗虫玉米的影响估计增长了 14.3%～34%（+24.15%）；2008 年以来，产量增长了 18%，每年平均节省杀虫剂成本约每公顷 12～15 美元（Gonzales 等，2009）；农场净利润增长在每公顷 37 美元到 110 美元；Brookes 和 Barfoot 估计，2012 年使用抗虫玉米为全国农场带来的收入增长是 7 810 万美元，2003 年以来农场累计收入增长 2.736 亿美元。

（3）抗除草剂玉米给菲律宾带来益处（图 11-10）。

自转基因抗除草剂玉米于 2006 年商业化开始，种植后的两年，其平均产量增长 15%（基于产业数据）；2006 年和 2007 年国家农场收入的净增长分别是 98 万美元和 1 040 万美元；根据 Gonzales 等（2009）计算，平均产量收益增长 5%，成本节省（通过降低除草剂成本及人工除草）每公顷 35～51 美元；2012 年 Brookes 与 Barfoot 估计，种植转基因抗除草剂玉米使农场净收益增加 20.3 美元/公顷，全国增长 1 440 万美元。2006 年以来，农场累计总收益增长 1.047 亿美元。

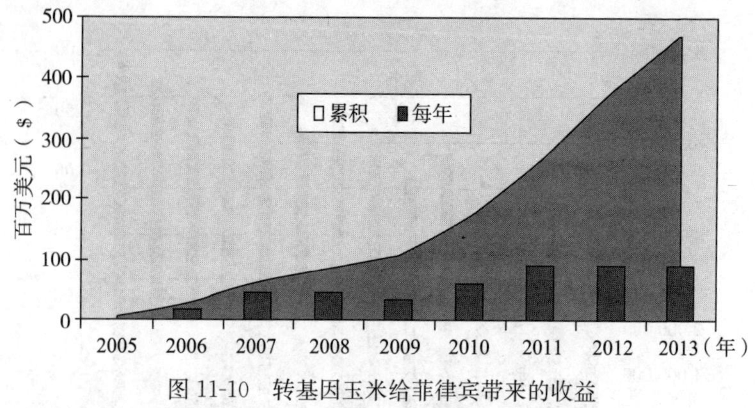

图 11-10 转基因玉米给菲律宾带来的收益

数据来源：Brookes 和 Barfoot 2005—2013 年，2015 年即将出版，James，2014 年

4. 农户对转基因产品的采用和采用模式

除了玉米产量和经济效益增加之外，转基因玉米的种植带来的农户生活条件提高，收入增加，环境及健康状况的改进等好处使种植转基因玉米的农户数量不断增加，小面积土地持有的农户在 2014 年超过了 40 万户（图 11-11）。

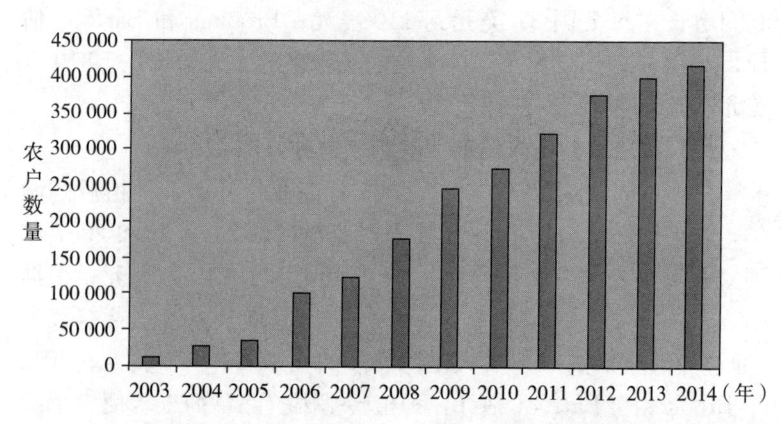

图 11-11 菲律宾种植转基因玉米的农户增长（2003—2014 年）

注：小面积土地持有者，即每个农户拥有 2 公顷土地。

转基因玉米商业化种植的模式如图 11-12 所示。通常跨国种子公司的技术人员将转基因玉米带给农户，这些农户与示范农场合作的同时，技术人员对作物及作物的优势通过研讨会的形式介绍给农户。这些参加了示范农场活动和研讨会的农户会最终接受这项技术并影响其周围社区的成员接受这项技术。当地的金融商家和种子零售商等贸易商会直接影响农户对转基因抗虫玉米的接受度，同样，农户又会依赖他们进行资金和初始的农业投入。政府农业官员在研讨会期间以及农场参观过程中提供技术支持，官员还会在病虫害发生区域进行监测。农户合作社在整个过程中提供间接的影响，主要是通过先进的农户来影响其他农户种植转基因作物产品。

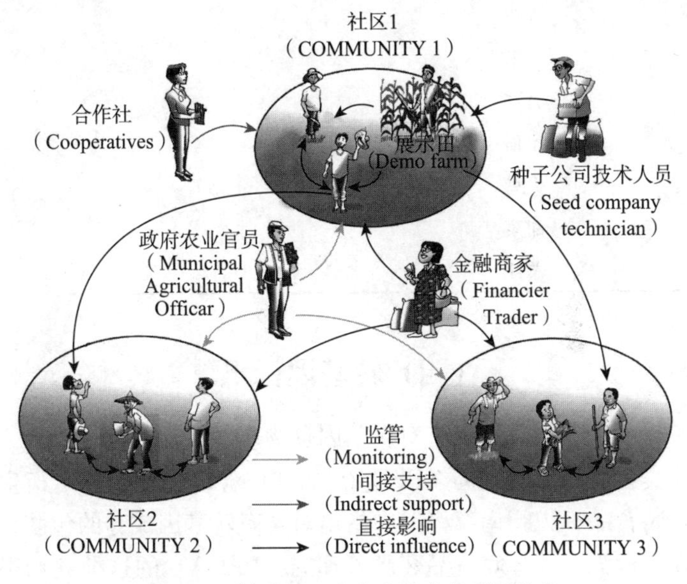

图 11-12　转基因玉米在菲律宾的采用途径

另外转基因作物能够在菲律宾被持续采用还因为农户之间知识传授的加强，种子质量和出售价格的提高，政府财政和市场协助，持续的培训以及与专家联系的建立。

5. 转基因产品的接受情况

除了商业化种植以外，菲律宾政府对转基因产品的接受度也不断提高，这反映在政府对转基因产品的审批通过方面：截止到2014年，有涉及苜蓿、油菜、棉花、玉米、马铃薯、水稻、大豆和甜菜的75个转基因作物和产品直接用做食品、饲料和加工原料的申请被批准，如表11-3所示。

表11-3　用于食品、饲料及直接使用的批准

作　物	转化体数目
苜蓿	2
阿根廷油菜	1
棉花	7
玉米	46
马铃薯	8
水稻	1
大豆	9
甜菜	1
总计	75

（四）转基因标识

目前，菲律宾并没有对转基因食物产品有任何标识要求。在菲律宾食品药品管理局（PFDA）的“包含现代生物技术衍生的待包装食品标识指南草稿”中指出对含有转基因成分的包装食品不要求标识。菲律宾食品药品管理局（PFDA）的这种立场很大程度上是基于食品法典关于标识的标准“现代生物技术衍生食品标识相关的文字编辑”。菲律宾食品药品管理局（PFDA）在2013年发布的一则声明证明转基因与转基因衍生食品的安全性，增加了转基因食品与常规育种对照食品具有实质等同性的内容。

对于进口的大宗货物，菲律宾法规要求相关航运要由以下责任实体签署的“转基因成分声明”来完成，相关责任实体包括来源国家的负责人员，有资质的实验室，运输方和/或进口方。农业局（DA）保持声明作为其食品与环境安全法规的一部分，使菲律宾符合卡塔赫纳法案的第 18.2 条例关于生物安全或卡塔赫纳生物安全草案（CPB）的部分（例如具有活性的转基因生物在封闭条件下使用或环境释放过程中的处理、运输、包装和标识）。

这项声明的示例模式如图 11-13 所示：

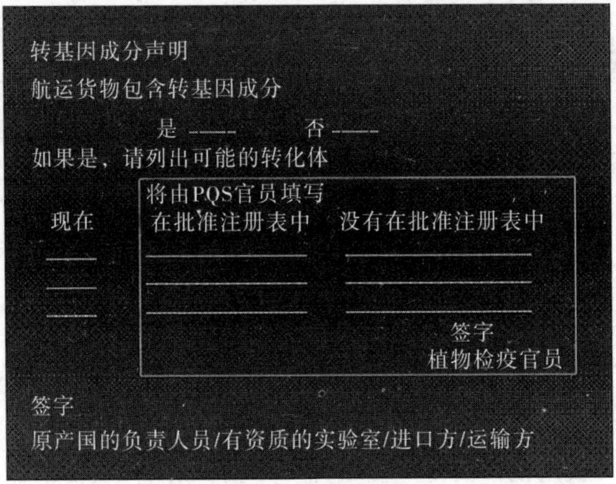

转基因成分声明

航运货物包含转基因成分

是 ____ 否 ____

如果是，请列出可能的转化体

现在 ____ ____ ____

将由PQS官员填写

在批准注册表中 ____ ____ ____

没有在批准注册表中 ____ ____ ____

签字

植物检疫官员

签字

原产国的负责人员/有资质的实验室/进口方/运输方

图 11-13 转基因成分声明的示例

来源：菲律宾农业部

转基因食物产品的卡塔赫纳认证方面，标准已被自由化。根据修改后的菲律宾国家标准或 PNS 2067/2008 Amd 01：2011，转基因产品衍生食品是可以获得卡塔赫纳认证的。

（五）研发现状

自从 2003 年转基因玉米开始种植，菲律宾正努力寻求公共

—私人合作产品的商业化可能性，如黄金大米、Bt 茄子，抗病毒木瓜和 Bt 棉花。

1. 黄金大米

黄金大米是由菲律宾水稻研究所（PhilRice）和国际水稻研究所（IRRI）共同研发的转维生素原 A，β胡萝卜素的转基因大米。国际水稻研究所（IRRI）在 2014 年 3 月的报告称，与菲律宾、印度尼西亚和孟加拉国的国家研究机构合作对富集 β-胡萝卜素的黄金大米的研究、分析和测试正继续进行中。

2008 年由 IRRI 进行了第一代黄金大米 GR1 的首次田间试验，但因为其中的 β-胡萝卜素含量偏低，改良后第二代黄金大米 GR2-R 的田间试验在 2010 雨季进行。

2011 年 2～6 月，菲律宾水稻研究所对改良后的 GR2-R 进行了封闭条件下的田间试验。

2012 年到 2013 年的 3 个季节内，在大田条件下进行多点田间试验，选择性地鉴定了第二代黄金大米的农艺性状和产量表现。

2. 转基因 Bt 抗虫 茄子（抗果实和芽上的螟虫）

该项目由菲律宾大学植物育种系（IPB-UPLB）通过二级许可协议，由马哈拉施特拉邦杂交种子公司（Mahyco）进行的无专利税的技术捐赠获得。2012 年 10 月待测品种在吕宋岛和棉兰老岛中批准的多点试验地进行的田间试验完成，同时生物安全评价所需的多点田间试验的数据已经完成并提交给菲律宾相关的法规部门。为向国家种子行业委员会进行品种注册，在吕宋岛、维萨亚岛和棉兰老岛的 6 个试验地点对非 Bt 对照杂交种和开放传粉的品种进行田间试验筛选备选品系。这些实验数据清晰地显示了 Bt 茄子为目前过量施用化学杀虫剂的当地茄子产区提供了环境友好性的选择。

3. 转基因木瓜（晚熟和抗木瓜环斑病毒 PRSV）

该项目由菲律宾大学植物育种系（IPB-UPLB）开发，并已于2012年进行了封闭条件下的田间试验。更大面积的田间试验正在准备于2014年执行，监管机构批准和研发资金的发放还在进行中。

4. 转基因Bt抗虫棉花

Bt抗虫棉是由菲律宾纤维开发局（PFIDA，原棉花发展管理局）开发。技术是由印度的Nath Biogene Ltd. 公司和Global Transgene Ltd. 公司共同提供的，并与2010年进行第一次封闭条件下的田间试验测试，2012年开始多点田间试验，2013年2年的数据收集和整理完成商业化目的的法规申请书。2014年中期，Bt抗虫棉花杂交种抗螟蛉虫特性在另一个田间试验中被再次证实。

5. 其他作物

维萨亚斯国立大学（VSU）和IPB-UPLB合作开发的抗病毒甘薯以及纤维开发局（FIDA）与菲律宾大学合作开发的抗病毒麻蕉（*Musa textilis*）。

菲律宾农业局生物技术项目办公室和科学技术局一直以来都非常支持生物技术作物的研发活动并迫切地支持短期内能够从政府资助的企事业部门研发体系进入商业化的产品。

参 考 文 献

Brookes and Barfoot，2014. Global income and production effects of GM crops 1996—2012.

GM Crops and Food：Biotechnology in Agriculture and the Food Chain；5. 1，1-11 http：//dx. doi. org/10. 4161/qmrc. 28098

Clive James. 2014. Global status of commercialized biotech/GM crops：2014. 115-121.

Gonzales L. A. 2005. Harnessing the benefits of biotechnology：The case of Bt corn in the Philippines. SIKAP/STRIVE Foundation，Los Baños，Laguna，Philippines.

Gonzales，LA. 2009. SocioEconomic Impact of Biotech Maize Adoption in the

Philippines. In. Modern Biotechnology and Agriculture: A History of the Commercialization of Biotech Maize in the Philippines. SIKAP/STRIVE Foundation, Los Baños, Laguna, Philippines. 144-212.

Mariechel J. Navarro and Randy A. Hautea. Adoption and uptake pathways of GM/biotech crops by small-scale, resource-poor farmers in China, India, and the Philippines. 54-57.

Yorobe, JM, Jr and CB Quicoy. 2006. Economic impact of Bt corn in the Philippines. The Philippine Agricultural Scientist. 89 (3): 258-67.

十二、>>>

俄 罗 斯

(一) 概 况

2012年4月24日俄罗斯政府通过了“俄罗斯联邦2020年生物技术发展综合计划（BIO2020）”，该计划是俄罗斯政府发展生物技术的指南。该计划授权不同的部长在其管理的领域内发展生物技术，包括农业生物技术不同分支的发展，其中项目之一是“在农业领域开发和引进转基因植物”。俄罗斯农业部将“生物技术的发展”纳入“2013农业发展计划”中，并将其作为2013—2020年农业发展计划的一部分，但该计划仅限于植物保护产品的开发和农产品加工的生物技术方法的开发，不包含转基因作物的开发。

俄罗斯在农业和食品生物技术领域尚无全面统一的法律法规。根据现行法律，俄罗斯对食用和饲用的转基因作物的登记进行管理仍在继续，目前尚无任何转基因作物的种植。俄罗斯联邦消费者权益和福利保护局（Rospotrebnadzor）、俄罗斯联邦农业部、俄罗斯兽医和植物卫生监督联邦服务处（VPSS）、俄罗斯联邦工业贸易部、俄罗斯联邦经济发展部和哈萨克、俄罗斯和白俄罗斯关税同盟负责完善俄罗斯的生物技术政策，包括农业生物技术、批准食用/饲用的转基因作物和产品的控制和监管。俄罗斯农业生物技术相关的法律法规包括联邦法律、俄罗斯政府决议、政府机构的规范性文件和关税同盟的决议。

俄罗斯农业部是负责所有种子登记的主要部门，对于转基因作物的种植持非常保守的态度。关税同盟（Customs Union,

CU）对食品安全和食品标识的技术法规规定，含有转基因成分的食品须向消费者提供标识和相关信息。法规要求，如果向关税同盟成员国销售的产品中转基因成分超过0.9%，需要进行标识。关税同盟尚未通过相关的饲料法规。根据俄罗斯的法规，在俄罗斯的饲料销售虽然不需要转基因饲料标识，但需要转基因品系饲用登记，且如果饲料中含有超过0.9%的已登记的转基因成分或超过0.5%的未登记的转基因成分，需要登记为转基因饲料。

（二）法律法规及管理机构

1. 政府部门及其职责

俄罗斯的不同部门、政府当局和机构（如下所述）负责完善生物技术政策，包括农业生物技术、批准食用和/或饲用的转基因作物和产品的控制和监管。

（1）俄罗斯联邦消费者权益和福利保护局（Rospotrebnadzor，网址：http：//rospotrebnadzor.ru/about/）。

俄罗斯联邦消费者权益和福利保护局有以下职能：

①对转基因食品的流通进行调查和控制，根据俄罗斯法律和关税同盟法律确保人类的卫生-流行病学福利，保护消费者权益；

②对含转基因的新型食品——包括首次进口到俄罗斯的食品进行登记；

③保存允许在俄罗斯联邦境内销售、生产和进口的转基因食品登记簿；

④完善转基因食品产品的法律；

⑤与兽医和植物卫生监督联邦服务处以及人类健康监督联邦服务处共同监测转基因作物和产品对人类和环境的影响。

自从2012年1月1日关税同盟内部的统一经济体开始运行以来，颁发使用转基因食品和转基因食品成分的有效凭证和许可证，即成为关税同盟辖区内流通的证件。

（2）俄罗斯联邦农业部（网址：www. mcx. ru）。

同经济发展部和俄罗斯联邦科学教育部一起参与制定农业生物技术政策。其职责包括：

①出台俄罗斯人类疾病和防疫领域的总体法律规定，以规避GMOs对农用动物、植物、环境、农产品和加工食品的不良影响；

②制定农业转基因作物和生物使用的总体政策。

（3）俄罗斯兽医和植物卫生监督联邦服务处（VPSS，网址：http：//fsvps. ru）。

VPSS隶属于俄罗斯联邦农业部，对于转基因生物的批准，具有以下职责：

①审查源自转基因生物的饲料和饲料添加剂在生产和流通各个环节的安全性；

②对源自转基因生物的饲料进行登记；

③颁发转基因饲料登记证书；

④对俄罗斯联邦境内以种植和生产为目的的转基因植物和动物进行登记；

⑤与Rospotrebnadzor和人类健康监督联邦服务处共同监测转基因作物和产品对人类和环境的影响。

（4）俄罗斯联邦工业贸易部（网址：http：//www. minpromtorg. gov. ru）。

参与制定国家标准和技术法规，对受管制项目的生物安全性要求进行规定。该部门还参与制定关税同盟的技术法规；

（5）俄罗斯联邦经济发展部（网址：www. economy. gov. ru）。

从2012年开始监督“俄罗斯联邦2020年生物技术发展综合计划”的实施。

（6）哈萨克、俄罗斯和白俄罗斯关税同盟（The Customs Union of Kazakhstan，Russia and Belarus，CU，网址：http：//www. evrazes. com）。

为所有关税同盟成员国制定和通过共同关税和技术法规。

2. 相关法律法规

截至 2014 年 7 月，俄罗斯在农业和食品生物技术领域尚无全面统一的法律法规。农业生物技术的有效法律法规包括联邦法律、俄罗斯政府决议、政府机构的规范性文件和关税同盟的决议。目前由联邦法律、政府决议、关税同盟的技术法规以及首席卫生官员（Rospotrebnadzor 的局长）的指令管制俄罗斯生物技术政策，包括产品登记及食品中转基因成分的消费者知情权法律。

俄罗斯加入关税同盟（现欧亚经济委员会-EEC）后，其贸易法律必须服从于关税同盟的法律。2012 年 7 月，关税同盟已通过多项有关农业生物技术和消费者标识的技术法规，包括食品安全技术法规、食品标识技术法规和粮食安全技术法规，这些技术法规自 2013 年 7 月 1 日生效。从转基因饲料进口和交易的角度上讲，关税同盟的另一项重要技术法规是饲料安全技术法规，但该法规仍在讨论中。

3. 食用转基因作物登记

Rospotrebnadzor 负责俄罗斯和关税同盟对食用转基因作物和成分登记。登记流程如下：

①申请者将申请书和所有材料提交给 Rospotrebnadzor；

②Rospotrebnadzor 委派医学科学院的营养研究所进行安全评估；

③申请者与该研究所签署食品安全评估协议；

④根据研究所的评估结果，Rospotrebnadzor 颁发登记证书并登记该产品。

安全评估所需的实验室检测需要 12 个月，还需要 2～3 个月的时间组织和准备新型转基因作物的相关文件。登记食品和成分所需的时间较短，但只有含有已登记转化事件的转基因产品才给予登记。登记食品或成分时必须在申请文件中提供转化事件登记证书的副本。只有转基因作物在俄罗斯被批准食用的公司才能够提供作物登记证书的副本。

从2006年开始，Rospotrebnadzor发放的食用登记证书无失效期。有关被批准的食用转基因作物或者含已登记转基因作物的成分信息，发布在Rospotrebnadzor的官方网站（http://fp.crc.ru/gosregfr/）上。已登记产品列表包含所有新型食品，不仅有转基因产品，还有含转基因成分的产品。该列表上共有几百个不同的产品和名称。要想查找某种作物的许可食品，可以搜索该作物的名称和关键词“转基因”。

4. 饲用转基因作物登记

植物来源饲料的进口不需要兽医检验证书，但需要说明饲料中不含转基因的声明。含有不超过0.5%未登记转基因品系的饲料或含有低于0.9%的已登记转基因品系的饲料，都被视为不含转基因。此处的“登记”或是“未登记”是指在俄罗斯进行的。饲料成分中的转基因含量按照转基因品系单独计算而非整体计算。比如，如果饲料中两种已登记转基因成分各自含有0.6%，那么该饲料被视为非转基因饲料，虽然两者的总和是1.2%。饲料无需在出口前获得非转基因证明。制造商/出口商可以决定是否要声明饲料属于非转基因，但VPSS仍会检测产品中是否含转基因成分。

如果饲料含有转基因成分，且未声明不含转基因，那么货运单据中必须包含饲料中的转基因成分已在VPSS进行登记的证明。进口也必须提供植物检疫证明，虽然它与转基因无关。饲料中的任何转基因成分必须已进行登记。每种未登记转基因品系的含量不能超过0.5%。关税同盟的饲料技术法规虽尚未实施，但其草案与现行法规一致。

VPSS在饲料登记中的职责，是由俄罗斯农业部2009年10月6日批准登记条例的第466号指令确定的。该条例规定登记证书的有效期为五年。该条例涵盖“来源于植物、动物和微生物的产品或成分，用于饲喂动物、含有对动物健康无害、可消化的营养物质”。该条例不允许用一个名称登记多种转基因饲料，也不允许用一个或多个不同名称多次登记同一种转基因饲料。申请者必须提交以下文件：

（1）国家转基因饲料登记申请；

（2）包含以下信息的材料：

①转基因饲料来源信息；

②使用转基因饲料的潜在风险评估（相比初始的基本饲料）以及申请者给出的降低风险的建议；

③有关转基因饲料的预期用途以及在国外登记和使用该饲料的信息；

④有关用于生产转基因饲料的转基因植物种植技术的信息；

⑤转基因饲料生产技术资料；

⑥转基因饲料的使用说明。

（3）如果用于生产饲料的转基因植物能够繁殖，并且意在增加生物量或饲草，还须附上俄罗斯国家生物品种登记机构发放的登记证书。

所有文件应为俄语或者是由专业机构翻译的俄语。文件副本应通过公证机构公证。VPSS 将根据专家委员会对转基因饲料安全性（不安全性）作出的结论决定是否登记该转基因饲料。登记转基因饲料的程序及所需文件发布在 VPSS 的官方网站（http：//www.fsvps.ru/fsvps/regLicensing）上：

为了登记配方饲料，VPSS 会在一定期限内针对每批货物向申请者发放饲料登记证书。VPSS 只向利用已登记的转基因作物生产的饲料发放登记证书。登记证书不能转让给其他进口商。登记由 VPSS 进行。

在获得批准前，饲用作物研究和转基因配方饲料的研究，由隶属于 VPSS 的联邦国家机构“全俄动物药品和饲料质量与标准化中心（VGNKI）”来进行。

（三）商业化情况

俄罗斯目前尚无转基因作物的种植，包括制种。

2013 年 9 月，俄罗斯政府立法决定自 2014 年 7 月起开始转基因作物的种植登记。然而，该决定引发了反转基因的呼声。2014 年 6 月政府将这项法律的实施推迟至 2017 年 7 月。

1. 进口及食用和饲用转基因产品的审批情况

从 2007 年开始，食用登记证书的有效期为无限期；但如果出现负面事件，登记证书可被取缔。饲用登记的有效期为五年。从 1999 年开始进行登记转基因品系食用登记以来，俄罗斯已批准和登记了 26 个转基因品系。然而，有 3 个品系由于退市而未进行续登记，包括抗草甘膦甜菜 GTSB77、抗科罗拉多甲虫土豆 RBBT02-06 以及抗科罗拉多甲虫土豆 SPBT02-5。截至 2014 年 7 月 1 日，俄罗斯总共有 21 个允许进口到国内的食用转基因作物品系，包括 11 个玉米品系、6 个大豆品系、1 个甜菜品系、1 个水稻品系和 2 个土豆品系。在这 21 种转基因品系中，有 17 种获得了饲用批准，包括 11 个玉米品系和 6 个大豆品系。另外，玉米 MON 89034 和大豆 SYHT0H2 仅获得饲用的批准，使得已获得饲用批准的品系达到 19 个。已获批准和登记的转基因作物见表 1。Bt 玉米 MON 863 于 2013 年 8 月饲用批准失效，但由于这一品系退市，因此未提交续登记申请。孟山都、拜耳作物科学、先正达和巴斯夫是仅有的四家在俄罗斯已获得生物技术产品登记的公司。有一个登记的甜菜品种属于孟山都和 KWS 公司。

根据关税同盟卫生措施协议，自 2010 年 7 月 1 日起，Rospotrebnadzor 负责全关税同盟的基于或利用 GMO 和/或 GMM 制造的食品登记（根据 2010 年 5 月 28 日的第 299 号关税同盟委员会的决定：必须接受关税同盟海关区域和边境卫生—流行病学监督的产品统一清单第二条）。

VPSS负责的饲料和添加剂登记证书有效期只有5年，且VPSS仅负责俄罗斯进行登记。饲料的关税同盟技术法规仍在讨论当中。

表12-1　俄罗斯：批准和登记的生物技术作物（1999年至2014年7月）

	作物/品系/事件/性状	申请者	登记年限和期限	
			食用	饲用
1	Bt玉米MON 810，抗欧洲玉米螟 *Ostrinia nubilalis*	孟山都	2000—2003年；2003—2008年；2009年3月至无限期	2003—2008年；2008年9月至2013年8月；2013年8月至2018年9月
2	Roundup Ready® 玉米NK 603，抗草甘膦	孟山都	2002—2007年；2008年2月至无限期	2003—2008年；2008年9月至2013年8月；2013年8月至2018年9月
3	Bt玉米MON 863，抗玉米根虫（*Diabrotica* spp.）	孟山都	2003—2008年；2008年8月至无限期	
4	玉米Bt 11，抗草铵膦和玉米螟 *Ostrinia nubilalis*	先正达	2003—2008年；2008年9月至无限期	2006年12月至2011年12月；2011年12月至2016年12月
5	LL玉米T25，抗草铵膦	拜耳作物科学	2001—2006年；2007年2月至无限期	2006年12月至2011年12月；2011年12月至2016年12月
6	Roundup Ready® 玉米GA 21，抗草甘膦*	先正达	2007年至无限期	2007年11月至2012年11月；2012年11月至2017年11月

（续）

	作物/品系/事件/性状	申请者	登记年限和期限	
			食用	饲用
7	玉米 MIR 604，抗玉米根虫（*Diabrotica* spp.）	先正达	2007 年 7 月至无限期	2008 年 5 月至 2013 年 5 月；2013 年 5 月至 2018 年 5 月
8	玉米 3 272，含在生产酒精时可分解淀粉的 α 淀粉酶	先正达	2010 年 4 月至无限期	2010 年 10 月至 2015 年 10 月
9	玉米 MON 88017（CCR），抗草甘膦和玉米根虫（*Diabrotica* spp.）	孟山都	2007 年 5 月至无限期	2008 年 9 月至 2013 年 8 月；2013 年 9 月至 2018 年 8 月
10	玉米 MON 89034，抗鳞翅目害虫	孟山都	审查中（2010 年提交）	2013 年 3 月至 2018 年 3 月
11	玉米 MIR162，抗广泛的鳞翅目害虫	先正达	2011 年 4 月至无限期	2012 年 3 月至 2017 年 3 月
12	玉米 5 307，抗玉米根虫（*Diabrotica II*，*Coleoptera*）	先正达	2014 年 4 月至无限期	2014 年 4 月至 2019 年 4 月
13	Roundup Ready® 大豆 40-3-2，抗草甘膦	孟山都	1999—2002 年；2002—2007 年；2007 年 12 月至无限期	2003—2008；2008 年 5 月至 2013 年 5 月；2013 年 5 月至 2018 年 5 月
14	Bt 大豆，MON 87701，抗鳞翅目害虫	孟山都	2013 年 5 月至无限期	2013 年 7 月至 2018 年 7 月
15	Liberty Link® 大豆 A2704-12，抗草铵膦	拜耳作物科学公司	2002—2007 年；2008 至无限期	2007 年 11 月至 2012 年 11 月；2012 年 11 月至 2017 年 11 月

（续）

	作物/品系/事件/性状	申请者	登记年限和期限	
			食用	饲用
16	Liberty Link® 大豆 A5547-127，抗草铵膦	拜耳作物科学	2002—2007 年；2008 年 2 月至无限期	2007 年 11 月至 2012 年 11 月；2012 年 11 月至 2017 年 11 月
17	大豆 MON 89788（RRS2Y），抗草甘膦+增产	孟山都	2010 年 1 月至无限期	2010 年 5 月至 2015 年 5 月
18	大豆 BPS-CV-127-9，抗咪唑啉酮	巴斯夫	2012 年 12 月至无限期	2012 年 9 月至 2017 年 9 月
19	大豆 SYHT0H2，抗 HPPD** +草铵膦	先正达（制造商先正达/拜耳作物科学）	审查中（2013 年 4 月提交）	2013 年 4 月至 2019 年 4 月
20	水稻 LL62，抗草铵膦	拜耳作物科学	2003—2008 年；2009 年 1 月至无限期	
21	Roundup Ready® 甜菜 H7-1，抗草甘膦	孟山都/KWS	2006 年 5 月至无限期	
22	Bt 土豆“Elizaveta”，抗科罗拉多马铃薯甲虫	俄罗斯“生物工程”中心	2005 年 12 月至无限期	
23	Bt 土豆“Lugovskoy”，抗科罗拉多马铃薯甲虫	俄罗斯“生物工程”中心	2006 年 7 月至无限期	

* 饲用登记失效期是 2013 年 8 月，由于该产品退市，孟山都不再续申请饲用登记。由于一些国家中这些种子可能还在流通过程中，可能在商品货船上检测到微量的该品种，因此仍保留食用登记。

** HPPD-抗除草剂异恶唑草酮。

2. 进出口贸易

俄罗斯无转基因作物出口贸易。

俄罗斯进口转基因作物及含转基因成分的加工产品。如果转基因作物/产品已通过检测并在俄罗斯获得食用/饲用的登记，则允许该转基因加工产品的进口。

俄罗斯海关数据未将转基因产品与非转基因产品分开。然而，进口到俄罗斯的大部分玉米和大豆以及用玉米和大豆制造的产品，可能含有转基因成分。根据俄罗斯法律和关税同盟法律，转基因含量未超出俄罗斯法律规定水平的进口产品即被视为非转基因，即食品或成分中的登记或未登记转基因品系含量不超过0.9%；饲料成分中登记的转基因品系含量不超过0.9%，饲料成分中的未登记转基因品系含量不超过0.5%。这一水平是基于关税同盟的食品、油和脂肪、粮油安全技术法规及其他技术法规制定的。现行的俄罗斯饲料法规与尚未实施的关税同盟饲料技术法规草案一致。

俄罗斯一直在不断增加家禽和生猪的产量。蛋白质和能量来源作物例如玉米和大豆/豆粕的需求不断增加，与此同时，俄罗斯也在尽力提高这些作物的国内产量，2013 年俄罗斯玉米产量破纪录地达到了 1 160 万吨。尽管蛋白和高能饲料例如大豆和玉米的国内产量有所增加，俄罗斯仍需进口大豆、玉米及其加工产品。

由于 2013 年玉米产量的增加，玉米进口量从 2012 年 6 月至 2013 年 4 月的 5.7 万吨降低到 2013 年 6 月至 2014 年 4 月的 4.95 万吨。与之相反，由于国内产量的降低和蛋白饲料的高需求量，大豆进口量有所增加。从 2012—2013 年前 11 个月的 59.36 万吨提高到 2013—2014 年前 11 个月的 130 万吨。从美国进口的大豆超过 39.33 万吨。

2013—2014 年（前 11 个月）出口玉米到俄罗斯的主要国家有：罗马尼亚、匈牙利和乌克兰，主要的大豆出口国为：巴拉圭（62.1 万吨）、美国（39.3 万吨）和乌克兰（14.2 万吨）。主要的豆粕出口国是巴西（21.4 万吨）和阿根廷（20.97 万吨），还有一些供应量较少的国家：德国（2.93万吨）、乌克兰（2.02万吨）和美国（1.69万吨）。

（四）转基因标识

1. 食品标识

用于检测食品中是否含有转基因成分的方法，必须在关税同盟食品安全和食品标识技术法规附件中标注，且与食品安全和食品标识关税同盟技术法规生效之前Rospotrebnadzor在俄罗斯使用的方法相同。对于进口食品，Rospotrebnadzor有权进行抽样检测，以检查是否含有转基因成分。为了验证不含转基因成分，制造商或出口商可自愿通过独立实验室进行检测（可能用IP体系或PCR试验），但Rospotrebnadzor可以再次检测。即便制造商/出口商声明其产品为非转基因，Rospotrebnadzor仍有权检查。而且，如果产品中的转基因成分含量超过0.9%，Rospotrebnadzor可对该公司提出索赔。通常情况下，Rospotrebnadzor会特别注意含大豆或玉米成分的产品。2014年3月，Rospotrebnadzor建议修改食品标识关税同盟技术法规，但这一修订案尚未通过关税同盟成员国的讨论。

2. 饲料标识

货运单据中应提供包括转基因成分在内的饲料成分信息，但迄今为止俄罗斯没有要求饲料的零售包装对转基因进行标识。关税同盟关于饲料的技术法规仍在讨论当中。谷物安全关税同盟技术法规要求货运单据中提供粮油及其产品中的转基因信息。

（五）研发现状

俄罗斯的科学家对转基因作物进行了实验室研究，但这些研究尚未进行到田间试验阶段。科学家们仍需要获得农业部品种审定委员会的特殊批准，才可以进行田间试验。

品种审定委员会负责审定所有种子品种，包括以研究为目的的小范围田间试验。BIO 2020 项目让生物技术领域的俄罗斯科学家看到了希望。同时，越来越多的农业生产者对生物技术农作物表示出兴趣——尤其是抗旱作物和免耕作物，许多科学家认为这些作物在俄罗斯的潜在市场巨大。即使有如此大的需求，科学家表示除非俄罗斯实施转基因作物种植审批制度，否则无法加大研究力度或者使研发的农作物实现商业化。

俄罗斯进行转基因作物开发的重要机构，是俄罗斯农业生物技术研究所（隶属于原俄罗斯农业科学院）。俄罗斯进行转基因作物和食品研究的研究所包括：俄罗斯科学院营养和食品安全评估研究所（合并前的俄罗斯医学科学院）（医学和生物研究）、俄罗斯科学院-生物工程中心（遗传研究）和莫斯科国立生物工程大学（技术评估）。

图书在版编目（CIP）数据

国外转基因知多少 / 农业部农业转基因生物安全管理办公室编．—北京：中国农业出版社，2015.10
ISBN 978-7-109-20891-9

Ⅰ.①国… Ⅱ.①农… Ⅲ.①转基因技术 Ⅳ.①Q785

中国版本图书馆 CIP 数据核字（2015）第 210285 号

中国农业出版社出版
（北京市朝阳区麦子店街 18 号楼）
（邮政编码 100125）
责任编辑　张丽四

中国农业出版社印刷厂印刷　　新华书店北京发行所发行
2015 年 12 月第 1 版　　2015 年 12 月北京第 1 次印刷

开本：850mm×1168mm 1/32　　印张：4.875
字数：120 千字
定价：18.00 元